2021 年度全国二级建造师执业资格考试

《机电工程管理与实务》

真题及解析

2021年度《机电工程管理与实务》真题

一、单项选择题（共20题，每题1分。每题的备选项中，只有1个最符合题意）

1. 对开式滑动轴承的安装工作不包括（　　）。

A. 胀套　　B. 清洗

C. 刮研　　D. 检查

2. 新建供电系统，逐级送电的顺序是（　　）。

A. 先高压后低压、先干线后支线　　B. 先高压后低压、先支线后干线

C. 先低压后高压、先干线后支线　　D. 先低压后高压、先支线后干线

3. 关于管道安装后需要静电接地的说法，正确的是（　　）。

A. 每对法兰必须设置导线跨接　　B. 静电接地线应采用螺栓连接

C. 跨接引线与不锈钢管道直连　　D. 静电接地安装后应进行测试

4. 锅炉受热面组件采用直立式组合的优点是（　　）。

A. 组合场面积大　　B. 便于组件吊装

C. 钢材耗用量小　　D. 安全状况较好

5. 下列工序中，不属于工业钢结构一般安装程序的是（　　）。

A. 部件加工　　B. 构件检查

C. 基础复查　　D. 钢柱安装

6. 关于超声波物位计的安装要求，错误的是（　　）。

A. 应安装在进料口的上方　　B. 传感器宜垂直于物料表面

C. 信号波束角内不应有遮挡物　　D. 物料最高物位不应进入仪表盲区

7. 涂料进场验收时，供料方提供的产品质量证明文件不包括（　　）。

A. 产品检测方法　　B. 技术鉴定文件

C. 涂装工艺要求　　D. 材料检测报告

8. 在室外排水管道施工程序中，防腐施工的紧前工作是（　　）。

A. 系统清洗　　B. 系统通水试验

C. 管道安装　　D. 系统闭水试验

9. 关于三相四孔插座接线要求的说法，正确的是（　　）。

A. 保护接地导体接在下孔　　B. 同一场所的插座接线相序一致

C. 接地导体在插座间串联　　D. 相线利用插座的端子转接供电

10. 空调绝热材料进场见证取样的复验性能中不包括（　　）。

A. 热阻　　B. 氧指数

C. 密度　　D. 吸水率

11. 下列参数中，不属于会议灯光系统要求检测的是（　　）。

A. 照度　　B. 色温

C. 光源　　D. 显色指数

12. 自动喷水灭火系统的闭式喷头在安装前应进行（　　）。

A. 喷洒性能试验　　B. 强度性能试验

C. 耐温性能试验　　D. 密封性能试验

13. 液压电梯的组成系统中不包括（　　）。

A. 曳引系统　　B. 泵站系统

C. 导向系统　　D. 控制系统

14. 下列社会资本投资的公用设施项目中，必须招标的是（　　）。

A. 单项施工合同估算价 900 万元的城市轨道交通工程

B. 合同估算价 100 万元的公路项目重要材料采购服务

C. 合同估算价 80 万元的水利工程设计服务

D. 合同估算价 50 万元的电力工程勘察服务

15. 下列条件中，不属于机电工程索赔成立的前提条件是（　　）。

A. 已造成承包商工程项目成本的额外支出

B. 承包商按规定时限提交索赔意向和报告

C. 承包商履约过程中发现合同的管理漏洞

D. 造成工期损失的原因不是承包商的责任

16. 下列情况中，不需要修改或补充施工组织设计的是（　　）。

A. 工程设计有重大变更　　B. 各项管理目标有重大变化

C. 施工班组有重大调整　　D. 主要施工方法有重大调整

17. 施工机具按类型和性能参数的选择原则中不包括（　　）。

A. 满足工程需要　　B. 保证质量要求

C. 施工方案需要　　D. 装备规划要求

18. 建设工程竣工验收时，审核竣工文件的单位是（　　）。

A. 施工单位　　B. 监理单位

C. 建设单位　　D. 设计单位

19. 下列沟通协调内容中，属于外部沟通协调的是（　　）。

A. 各专业管线的综合布置　　B. 重大设备安装方案的确定

C. 施工工艺做法技术交底　　D. 施工使用的材料有序供应

20. 建筑安装工程进度款支付的申请内容中不包括（　　）。

A. 已支付的合同价款　　B. 本月完成的合同价款

C. 已签订的预算价款　　D. 本月返还的预付价款

二、多项选择题（共 10 题，每题 2 分。每题的备选项中，有 2 个或 2 个以上符合题意，至少有 1 个错项。错选，本题不得分；少选，所选的每个选项得 0.5 分）

21. 下列材料中，不属于有机绝缘材料的有（　　）。

A. 云母　　B. 石棉　　C. 硫黄　　D. 橡胶

E. 矿物油

22. 动力式压缩机按结构形式和工作原理可分为（　　）。

A. 轴流式压缩机　　B. 容积式压缩机

C. 离心式压缩机　　D. 往复式压缩机

E. 混流式压缩机

23. 管道工程施工测量的准备工作应包括（　　）。

A. 勘察施工现场
B. 绘制施测草图
C. 确定施测精度
D. 设置沉降观测点
E. 测设施工控制桩

24. 关于起重卸扣的使用要求，正确的有（　　）。

A. 按额定负荷标记选用
B. 无标记的不得使用
C. 可用焊接的方法修补
D. 永久变形后应报废
E. 只应承受纵向的拉力

25. 关于焊接操作要求的说法，正确的有（　　）。

A. 定位焊缝不得熔入正式焊缝
B. 不得在焊接坡口内试验电流
C. 盖面焊道不得锤击消除应力
D. 焊机电流表未校验不得使用
E. 焊接中断时应控制冷却速度

26. 关于声级计的使用要求，正确的有（　　）。

A. 选用的量程和精度应满足噪声检测要求
B. 送所属企业的计量管理部门校准或校验
C. 定期送法定或授权的计量检定机构检定
D. 经验货和验证合格后即可发放使用测量
E. 必须具有计量检定证书或计量检定标记

27. 企业申请新装用电时，应向供电部门提供的资料包括（　　）。

A. 用电负荷
B. 用电性质
C. 用电设备
D. 用电规划
E. 用电方法

28. 关于压力容器许可制度的说法，正确的有（　　）。

A. 固定式压力容器不单独许可
B. 各类气瓶安装无需许可
C. 压力容器改造需单独许可
D. 压力容器重大修理需单独许可
E. A1 级可覆盖 A2 级、D 级

29. 关于工业安装工程质量验收的说法，正确的有（　　）。

A. 质量检验数量应符合验收标准
B. 隐蔽工程应在隐蔽前验收合格
C. 单位工程的验收由监理单位组织
D. 质量验收前施工单位应自检合格
E. 分包工程的质量验收由分包单位申报

30. 下列建筑安装工程检验批的质量验收项目中，属于主控项目的是（　　）。

A. 母线槽的绝缘电阻值
B. 卫生器具安装的水平度
C. 空调水管的支架间距
D. 金属风管的严密性检验
E. 风机盘管排水管坡度

三、实务操作和案例分析题（共 4 题，每题 20 分）

（一）

背景资料：

某市财政拨款建设一综合性三甲医院，其中通风空调工程采用电子方式公开招标。某外省施工单位在电子招标投标交易平台注册登记，当下载招标文件时，被告知外省施工单位需提前报名、审核通过后方可参与投标。

最终该施工单位中标，签订了施工承包合同，采用固定总价合同，签约合同价 3000 万元（含暂列金额 100 万元）。合同约定：工程的主要设备由建设单位限定品牌，施工单位组织采购，预付款 20%；工程价款结算总额的 3%作为质量保修金。

500 台同厂家的风机盘管机组进入施工现场后，按不考虑产品节能认证等情况，施工单位抽取了一定数量的风机盘管机组进行了节能复验，复验的性能参数包括机组的供冷量、供热量和水阻力等。

排烟风机进场报验后，安装就位于屋顶的混凝土基础上，风机与基础之间安装橡胶减振垫，设备与排烟风管之间采用长度 200mm 的普通帆布短管连接（见图 1）。监理单位在验收过程中，发现排烟风机的上述做法不合格，要求施工单位整改。

工程竣工结算时，经审核预付款已全部抵扣完成，设计变更增加费用 80 万元，暂列金额无其他使用。

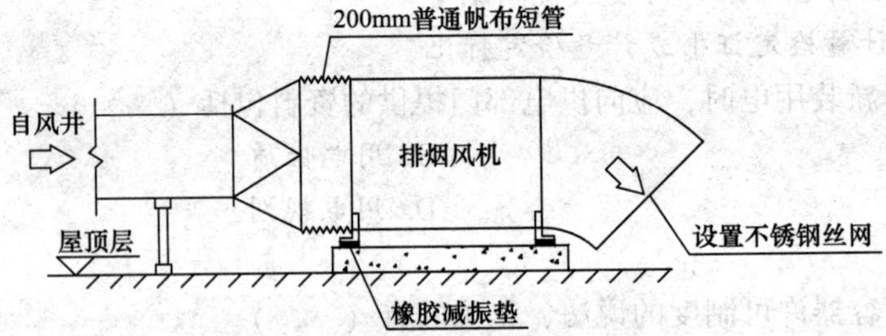

图 1　屋顶排烟风机安装示意图

问题：

1. 要求外省施工单位需提前审核通过后方可参与投标是否合理？说明理由。

2. 风机盘管机组的现场节能复验应在什么时点进行？还应复验哪些性能参数？复验数量最少选取多少台？

3. 指出图 1 屋顶排烟风机安装的不合格项。应怎么纠正？

4. 计算本工程质量保修金的金额。本工程进度价款的结算方式可以有哪几种方式？

（二）

背景资料：

某施工单位承包一新建风电项目的35kV升压站和35kV架空线路，根据线路设计，架空线路需跨越铁路，升压站内设置一台35kV的油浸式变压器。施工单位项目部及生活营地设置在某行政村旁，项目部进场后，未经铁路部门许可，占用铁路用地存放施工设备，受到铁路部门处罚，停工处理，造成了工期延误。

设计交底后，项目部依据批准的施工组织设计和施工方案，逐级进行了交底。但在变压器管母线安装时，发现母线出线柜出口与变压器接口不在同一直线上，导致管母线无法安装。经核实，是因变压器基础位置与站内道路冲突，土建设计师已对变压器基础进行了位置变更，但电气设计师未及时跟进电气图纸修改，管母线仍按原设计图供货，经协调，管母线返厂加工处理。为保证合同工期，项目部组织人员连夜加班，进行管母线安装，采用大型照明灯，增配电焊机、切割机等机具，期间因扰民被投诉，项目部整改后完成施工，但造成了工期延误。

升压站安装完成后，进行了变压器交接试验，试验内容见表1，监理认为试验内容不全，项目部补充了交接试验项目，通过验收。

变压器交接试验内容 表1

序号	试验内容	试验部位
1	吸收比	绕组
2	变比测试	绕组
3	组别测试	绕组
4	绝缘电阻	绕组、铁心及夹件
5	介质损耗因数	绕组连同套管
6	非纯瓷套管试验	套管

问题：

1. 项目部在设置生活营地时需要与哪些部门沟通协调？
2. 在降低噪声和控制光污染方面，项目部应采取哪些措施？
3. 变压器交接试验还应补充哪些项目？
4. 造成本工程工期延误的原因有哪些？

（三）

背景资料：

某安装公司中标一机电工程项目，承包内容有工艺设备及管道工程、暖通工程、电气工程和给水排水工程。安装公司项目部进场后，进行了成本分析，并将计划成本向施工人员进行交底；依据施工总进度计划，组织施工，合理安排人员、材料、机械等，使工程按合同要求进行。

在工艺设备运输及吊装前，施工员向施工班组进行技术交底，交底内容包含施工时间、工艺设备安装位置、安装质量标准、质量通病及预防办法等。

在设备机房施工期间，现场监理工程师发现某工艺管道取源部件的安装位置如图 2 所示，认为该安装位置不符合规范要求，要求项目部整改。

施工期间，露天水平管道绝热施工验收合格后，进行金属薄钢板保护层施工时，施工人员未严格按照技术交底文件施工，水平管道纵向接缝不符合规范规定，被责令改正。

在工程竣工验收后，项目部进行了成本分析，数据收集如表 2 所示。

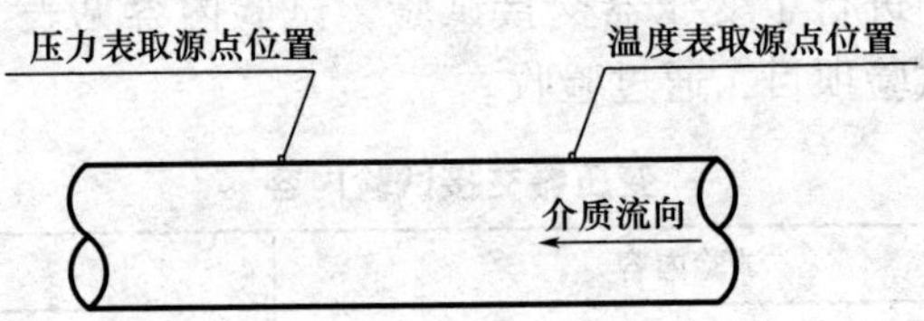

图 2　取源部件安装位置示意图

成本分析数据表　　**表 2**

序号	分部工程名称	实际发生成本（万元）	成本降低率（%）
1	暖通工程	450	10
2	电气工程	345	−15
3	给水排水工程	300	25
4	工艺设备及管道工程	597	0.5

问题：

1. 工艺设备施工技术交底中，还应增加哪些施工质量要求？

2. 图 2 中气体管道压力表与温度表取源部件位置是否正确？说明理由。蒸汽管道的压力表取压点安装方位有何要求？

3. 管道绝热按用途可分为哪几种类型？水平管道金属保护层的纵向接缝应如何搭接？

4. 列式计算本工程的计划成本及项目总成本降低率。

（四）

背景资料：

某安装公司总承包某项目气体处理装置工程，业主已将其划分为一个单位工程，包括土建工程、设备工程、管道工程等分部工程。其核心设备的气体压缩机为分体供货现场安装，气体处理装置厂房为钢结构，厂房内安装 2 台额定吊装重量为 30/5t 桥式起重机。

安装公司编制了压缩机吊装专项施工方案，计划在厂房封闭和桥式起重机安装完成后，进行气体压缩机的吊装；自重 30t 以上的压缩机部件采取两台桥式起重机抬吊工艺，其余部件采用单台桥式起重机吊装。安装公司组织了吊装专项施工方案的专家论证，专家组要求完善方案审核、审查及签字手续后，进行了方案论证。

专项施工方案审批通过后，安装公司对施工人员进行方案交底，在压缩机底座吊装固定后，进行压缩机部件的组装调整，重点是对压缩机轴瓦、轴承等运动部件的间隙进行调整和压紧调整等，保证了压缩机安装质量。气体压缩机厂房立面示意图如图 3 所示。

在压缩机试运行阶段，安装公司向监理提交了单机试运行申请，监理工程师经查验后，提出压缩机还不具备单机试运行条件，因安装公司除润滑油系统循环清洗合格外，还有其他设备、系统均未进行调试。安装公司完成调试后，压缩机单机试运行验收合格。

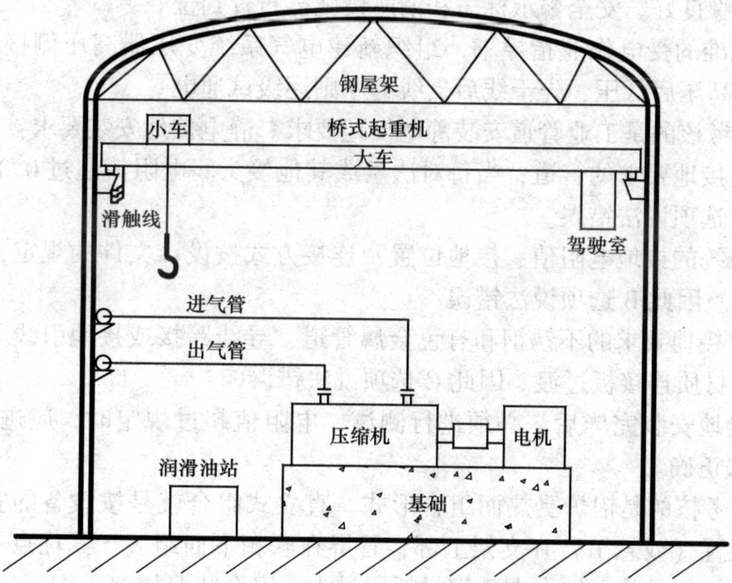

图 3　气体压缩机厂房立面示意图

问题：

1. 气体处理装置工程还有哪些分部工程？

2. 分别写出气体压缩机吊装专项施工方案的审核及审查人员。方案实施的现场监督应是哪个人员？

3. 依据解体设备安装一般程序，压缩机固定后在试运转前有哪些工序？压缩机的装配精度包括哪些方面？

4. 压缩机单机试运行前还应完成哪些设备及系统的调试？

2021年度真题参考答案及解析

一、单项选择题

1. A； 2. A； 3. D； 4. B； 5. A；
6. A； 7. C； 8. D； 9. B； 10. B；
11. C； 12. D； 13. A； 14. A； 15. C；
16. C； 17. D； 18. B； 19. B； 20. C。

【解析】

1. A。本题考核的是对开式滑动轴承装配。对开式滑动轴承的安装过程，包括轴承的清洗、检查、刮研、装配、间隙调整和压紧力的调整。

2. A。本题考核的是电气设备受电步骤。受电步骤：

(1) 受电系统的二次回路试验合格，其保护整定值已按实际要求整定完毕。受电系统的设备和电缆绝缘良好。安全警示标志和消防设施已布置到位。

(2) 按已批准的受电作业指导书，组织新建电气系统变压器高压侧接受电网侧供电，通过配电柜按先高压后低压、先干线后支线的原则逐级试通电。

3. D。本题考核的是工业管道安装静电接地要求。静电接地安装要求：

(1) 有静电接地要求的管道，当每对法兰或其他接头间电阻值超过0.03Ω时，应设导线跨接。因此A选项说法错误。

(2) 管道系统的接地电阻值、接地位置及连接方式按设计文件的规定，静电接地引线宜采用焊接形式。因此B选项说法错误。

(3) 有静电接地要求的不锈钢和有色金属管道，导线跨接或接地引线不得与管道直接连接，应采用同材质连接板过渡。因此C选项说法错误。

(4) 静电接地安装完毕后，必须进行测试，电阻值超过规定时，应进行检查与调整。因此D选项说法正确。

4. B。本题考核的是锅炉受热面组合形式。直立式组合就是按设备的安装状态来组合支架，将联箱放置（或悬吊）在支架上部，管屏在联箱下面组装。其优点在于组合场占用面积少，便于组件的吊装；缺点在于钢材耗用量大，安全状况较差。

5. A。本题考核的是工业钢结构安装程序。钢结构一般安装程序为：构件检查→基础复查→钢柱安装→支撑安装→梁安装→平台板（层板、屋面板）安装→围护结构安装。因此A选项不属于工业钢结构一般安装程序。

6. A。本题考核的是物位检测仪表安装。超声波物位计的安装应符合下列要求：不应安装在进料口的上方；传感器宜垂直于物料表面；在信号波束角内不应有遮挡物；物料的最高物位不应进入仪表的盲区。因此A选项错误，正确的是：不应安装在进料口的上方。

7. C。本题考核的是防腐蚀工程涂装技术要求。涂料进场时，除供料方提供的产品质量证明文件外，尚应提供涂装的基体表面处理和施工工艺等要求。产品质量证明文件应包括：产品质量合格证；质量技术指标及检测方法；材料检测报告或技术鉴定文件。

8. D。本题考核的是室外排水管道工程施工程序。室外排水管道工程施工程序：施工准备→材料验收→管道测绘放线→管道沟槽开挖→管道加工预制→管道安装→排水管道窨井施工→系统闭水试验→防腐→系统清洗→系统通水试验→管道沟槽回填。对于考查施工程序类型的考题，出题形式可以是考查紧前、紧后工序，还有可以是对施工程序排序判断正误，还有就是要求判断施工程序范围，如“下列工序中，不属于××安装程序的是（　　）”，考生要注意这类题型的考核。

9. B。本题考核的是插座安装技术要求。三相四孔及三相五孔插座的保护接地导体（PE）应接在上孔，因此A选项说法错误。插座的保护接地导体端子不得与中性导体端子连接；同一场所的三相插座，其接线的相序应一致，因此B选项说法正确。保护接地导体（PE）在插座之间不得串联连接，因此C选项说法错误。相线与中性导体（N）不应利用插座本体的接线端子转接供电，因此D选项说法错误。

10. B。本题考核的是防腐绝热施工技术要求。绝热材料进场时，应对材料的导热系数或热阻、密度、吸水率等性能进行见证取样检验；复验合格后方可开始安装。因此B选项不属于空调绝热材料进场见证取样的复验性能。

11. C。本题考核的是会议电视系统的检测项目。会议灯光系统的检测宜包括照度、色温和显色指数。因此C选项不属于会议灯光系统要求检测项目。

12. D。本题考核的是水灭火系统施工要求。自动喷水灭火系统的闭式喷头应在安装前进行密封性能试验，且喷头安装必须在系统试压、冲洗合格后进行。因此D选项正确。

13. A。本题考核的是液压电梯的组成系统。液压电梯一般由泵站系统、液压系统、导向系统、轿厢系统、门系统、电气控制系统、安全保护系统等组成。因此B、C、D选项属于液压电梯的组成系统，A选项属于曳引式或强制式电梯的组成系统。

14. A。本题考核的是必须招标的机电工程项目。根据《必须招标的工程项目规定》第五条规定，本规定第二条至第四条规定范围内的项目，其勘察、设计、施工、监理以及与工程建设有关的重要设备、材料等的采购达到下列标准之一的，必须招标：

（1）施工单项合同估算价在400万元人民币以上。因此单项施工合同估算价900万元的城市轨道交通工程项目必须招标。

（2）重要设备、材料等货物的采购，单项合同估算价在200万元人民币以上。因此合同估算价100万元的公路项目重要材料采购服务项目不需要招标。

（3）勘察、设计、监理等服务的采购，单项合同估算价在100万元人民币以上。因此合同估算价80万元的水利工程设计服务项目、合同估算价50万元的电力工程勘察服务不需要招标。

同一项目中可以合并进行的勘察、设计、施工、监理以及与工程建设有关的重要设备、材料等的采购，合同估算价合计达到前款规定标准的，必须招标。

15. C。本题考核的是索赔成立的前提条件。

索赔成立的前提条件：

（1）与合同对照，事件已造成了承包商工程项目成本的额外支出，或直接工期损失。

（2）造成费用增加或工期损失的原因，按合同约定不属于承包商的行为责任或风险责任。

（3）承包商按合同规定的程序和时间提交索赔意向通知和索赔报告。

因此A、B、D选项为机电工程索赔成立的前提条件。

16. C。本题考核的是施工组织设计的修改或补充。项目施工过程中，发生下列情况之一时，施工组织设计应及时进行修改或补充：

（1）工程项目或合同内容有较大变动；

（2）工程设计有重大修改；

（3）主要施工方法有重大调整；

（4）有关法律、法规、规范和标准实施、修订和废止；

（5）主要施工资源配置有重大调整；

（6）各项管理目标发生变化；

（7）各项管理措施发生重大变化；

（8）临建面积增加，施工用地扩大；

（9）施工环境有重大改变。

因此 A、B、D 选项所描述的情况需要修改或补充施工组织设计，而 C 选项所描述的情况不需要修改或补充施工组织设计。

17. D。本题考核的是施工机具的选择原则。施工机具的选择主要按类型、主要性能参数、操作性能来进行，要切合需要、实际可行、经济合理。其选择原则是：

（1）施工机具的类型，应满足施工部署中的机械设备供应计划和施工方案的需要；

（2）施工机具的主要性能参数，要能满足工程需要和保证质量要求；

（3）施工机具的操作性能，要适合工程的具体特点和使用场所的环境条件；

（4）能兼顾施工企业近几年的技术进步和市场拓展的需要；

（5）尽可能选择操作上安全、简单、可靠，品牌优良且同类设备同一型号的产品；

（6）综合考虑机械设备的选择特性。

18. B。本题考核的是机电工程项目竣工文件的编审要求。机电工程项目竣工文件由施工单位负责编制，监理负责审核。因此 B 选项正确。

19. B。本题考核的是外部沟通协调的内容。内部沟通协调的主要内容包括：施工进度计划的协调、施工生产资源配备的协调、工程质量管理的协调、施工安全与卫生及环境管理的协调、施工现场的交接与协调、工程资料的协调。各专业管线的综合布置、施工工艺做法技术交底属于内部沟通协调施工现场的交接与协调的内容，因此 A、C 选项属于内部沟通协调的内容。施工使用的材料有序供应属于施工生产资源配备协调的内容，因此 D 选项属于内部沟通协调的内容。

外部沟通协调的主要内容包括：与建设单位的沟通与协调、与监理单位的沟通与协调、与设计单位的沟通与协调、与设备材料供货单位的沟通与协调、与土建单位的沟通与协调、与地方相关部门的沟通与协调。重大设备安装方案的确定属于与建设单位的沟通与协调的内容，因此 B 选项属于外部沟通协调的内容。

20. C。本题考核的是机电工程施工结算中进度款支付申请的内容。进度款支付申请内容：

（1）累计已完成的合同价款。

（2）累计已实际支付的合同价款。

（3）本周期合计完成的合同价款：本周期已完成的单价项目金额；本周期应支付的总价项目金额；本周期已完成的计日工价款；本周期应支付的安全文明施工费；本周期应增加的金额。

（4）本周期合计应扣减的金额：本周期应扣回的预付款；本周期应扣减的金额。

（5）本周期实际应支付的合同价款。

建筑安装工程进度款支付的申请内容中不包括已签订的预算价款，因此本题选C。

二、多项选择题

21. A、B、C； 22. A、C、E； 23. A、B、C；
24. A、B、D、E； 25. C、D、E； 26. A、C、E；
27. A、B、C、D； 28. A、B、E； 29. A、B、D；
30. A、D。

【解析】

21. A、B、C。本题考核的是有机绝缘材料类型。有机绝缘材料有：矿物油、虫胶、树脂、橡胶、棉纱、纸、麻、蚕丝和人造丝等。因此D、E选项属于有机绝缘材料。A、B、C选项属于无机绝缘材料。

22. A、C、E。本题考核的是压缩机的分类。按照压缩气体方式可分为：容积式压缩机和动力式压缩机两大类。按结构形式和工作原理，容积式压缩机可分为往复式压缩机、回转式压缩机；动力式压缩机可分为轴流式压缩机、离心式压缩机和混流式压缩机。因此A、C、E选项属于动力式压缩机。

23. A、B、C。本题考核的是管道工程施工测量的准备工作。管道工程施工测量的准备工作：熟悉设计图纸资料；勘察施工现场；绘制施测草图；确定施测精度。因此A、B、C选项属于管道工程施工测量的准备工作。

24. A、B、D、E。本题考核的是起重卸扣的使用要求。起重机械卸扣使用要求：

（1）吊装施工中使用的卸扣应按额定负荷标记选用，不得超载使用，无标记的卸扣不得使用。因此A、B选项正确。

（2）卸扣表面应光滑，不得有毛刺、裂纹、尖角、夹层等缺陷，不得利用焊接的方法修补卸扣的缺陷。因此C选项错误。

（3）卸扣使用前应进行外观检查，发现有永久变形或裂纹应报废。因此D选项正确。

（4）使用卸扣时，只应承受纵向拉力。因此E选项正确。

25. C、D、E。本题考核的是焊接操作要求。定位焊工艺要求：定位焊缝如果出现缺陷，应完全清除掉，不应熔在正式焊缝中。因此A选项错误。严禁在坡口之外的母材表面引弧或试验电流，并应防止电弧擦伤母材。因此B选项错误。焊接注意事项：在根部焊道和盖面焊道上不得锤击。因此C选项正确。焊接设备及辅助装备等应能保证焊接工作的正常进行和安全可靠，仪表应定期校验。焊机电流表使用前必须校验。因此D选项正确。对于需要预热的多层（道）焊焊件，其层间温度应不低于预热温度。焊接中断时，应控制冷却速度或采取其他措施防止其对管道产生有害影响。恢复焊接前，应按焊接工艺规程的规定重新进行预热。因此E选项正确。

26. A、C、E。本题考核的是A类计量器具管理办法。声级计属于强制性检定的计量器具，属于A类计量器具。属于强制检定的工作计量器具，可本着就地就近原则，送法定或者授权的计量检定机构检定。因此C选项正确。计量器具送所属企业的计量管理部门校准或校验是B类计量器具的管理要求，因此B选项不符合题意要求，这里不选。计量器具经验货和验证合格后即可发放使用测量属于C类计量器具的管理要求，因此D选项不符合题意要求，这里不选。计量器具经检定机构检定后出具的检定印、证，是评定计量器具的性能和质量是否符合法定要求的技术判断和结论。计量检定印、证包括的内容：检定证书、不合格通知书（检定结果通知书）、检定标记、封印标记。因此E选项正确。所选用计量器具的量程、精度和记录方式，适应的范围和环境，必须满足被测对象及检测内容的计量要求，使被测对象在量程范围内，因此A选项正确。[备注：声级计是最基本的噪声测量仪器。]

27. A、B、C、D。本题考核的是用电手续的规定。用户申请新装或增加用电时，应向供电企业提供用电工程项目批准的文件及有关的用电资料。包括用电地点、电力用途、用电性质、用电设备、用电设备清单、用电负荷、保安电力、用电规划等，并依照供电企业规定如实填写用电申请书及办理所需手续。因此本题应当选择A、B、C、D选项。

28. A、B、E。本题考核的是压力容器许可制度。固定式压力容器安装不单独进行许可，各类气瓶安装无需许可，因此A、B选项正确。压力容器改造和重大修理由取得相应级别制造许可的单位进行，不单独进行许可，因此C、D选项不正确。压力容器制造（含安装、修理、改造）许可，Al级覆盖A2、D级，因此E选项正确。

29. A、B、D。本题考核的是工业安装工程质量验收。为便于现场实施，施工质量的检验方法、检验数量、检验结果记录应符合各专业工程施工质量验收标准的规定，因此A选项正确。隐蔽工程应在隐蔽前由施工单位通知有关单位进行验收，并应形成验收文件，因此B选项正确。单位（子单位）工程的验收应在各分部工程验收合格的基础上，由施工单位（总承包单位）向监理（建设）单位提出报验申请，由建设单位项目负责人组织监理、设计、施工单位等项目负责人及质量技术负责人进行验收，并应填写验收记录，因此C选项错误。工程施工质量的验收应在施工单位自行检验合格的基础上进行，因此D选项正确。检验项目（检验批）、分项工程应在施工单位自检合格的基础上，由施工单位（总承包单位）向建设单位（监理单位）提出报验申请，由建设单位专业工程师（监理工程师）组织施工单位（总承包单位）项目专业工程师进行验收，并应填写验收记录，因此E选项错误。

30. A、D。本题考核的是建筑安装工程检验批的施工质量验收合格的规定。主控项目是保证工程安全和使用功能的重要检验项目，是对安全、卫生、环境保护和公共利益起决定性作用的检验项目，是确定该检验批主要性能的项目，因此必须全部符合有关专业工程验收规范的规定。一般项目是除主控项目以外的检验项目，可以允许有偏差的项目。例如，管道的压力试验、风管系统的严密性检验、电气的绝缘与接地测试等均是主控项目。因此A、D选项为主控项目。

三、实务操作和案例分析题

（一）

1. 要求外省施工单位需提前审核通过后方可参与投标不合理。

理由：任何单位和个人不得在电子招标投标活动中设置前置条件（投标报名、审核通过）限制投标人下载招标文件。

2. 风机盘管机组应在进场时（安装前）进行节能复验，复验还应对其风量、功率及噪声等性能参数进行复验，复验数量最少选取：500×2%＝10台。

3. 屋顶排烟风机安装的不合格项：

（1）不应设置橡胶减振垫（减振装置）；

（2）排烟风机与风管之间不能采用普通的帆布短管连接。

纠正措施：

（1）取消橡胶减振垫（减振装置，或设置弹簧减振器）；

（2）排烟风机与风管采用直接连接（或不燃柔性短管连接）。

4. 本工程质量保修金的金额计算：

（1）工程价款结算总额=合同价款+施工过程中合同价款调整数额=（3000−100）+80=2980万元

（2）工程质量保修金=2980×3%=89.4万元

本工程进度价款的结算方式可以有：定期结算（按月结算）、分段结算、竣工后一次性结算、目标结算、约定结算方式。

（二）

1. 项目部在设置生活营地时，需要与乡政府（村委会）、公安、医疗、电力管理部门沟通协调。

2. 在降低噪声和控制光污染方面，项目部应采取的措施：

（1）切割设备增加隔音罩（隔声措施），采取隔振措施；

（2）照明灯具控制照射角度，照明灯和电焊机采取遮挡措施。

3. 变压器交接试验还应补充的项目包括：绝缘油试验、绕组连同套管交流耐压试验、绕组连同套管直流电阻测量。

4. 造成本工程工期延误的原因有：

（1）设计单位图纸修改不及时，施工单位施工现场协调不好；

（2）施工措施（施工方法）不当。

（三）

1. 工艺设备施工技术交底中，还应增加下列施工质量要求：工艺设备吊装运输的质量保证措施，检验、试验和质量检查验收评级依据。

2. 图2中气体管道压力表与温度表取源部件位置不正确。

理由：压力取源部件应安装在温度取源部件的上游侧。

蒸汽管道的压力表取压点安装方位要求：在管道的上半部（下半部与管道水平中心线成0~45°夹角内）。

3. 管道绝热按用途分为：保温、保冷、加热保护这三种类型。

水平管道的金属保护层纵向接缝应采取顺水搭接（上搭下）。

4. 本工程的计划成本及项目总成本降低计算：

（1）暖通工程：

计划成本=实际成本/（1−成本降低率）=450/（1−10%）=500万元

（2）电气工程：

计划成本=实际成本/（1−成本降低率）=345/[1−(−15%)]=300万元

（3）给水排水工程：

计划成本=实际成本/（1−成本降低率）=300/（1−25%）=400万元

（4）工艺设备及管道工程：

计划成本=实际成本/(1-成本降低率)=597/(1-0.5%)=600 万元

(5) 总成本降低率=(计划成本-实际成本)/计划成本=[(500+300+400+600)-(450+345+300+597)]/(500+300+400+600)=6%

(四)

1. 气体处理装置工程还有的分部工程：钢结构工程、防腐蚀工程、电气工程、自动化仪表工程。

2. 气体压缩机吊装专项方案审核人员应是安装公司技术负责人，审查人员是总监理工程师；方案实施的现场监督应是安装公司该项目专职安全管理员。

3. 依据解体设备安装一般程序，压缩机固定后在试运转前的工序有：零部件清洗、装配、设备加油。

压缩机的装配精度包括：各运动部件相对运动精度、配合面之间的配合精度和接触质量。

4. 压缩机单机试运行前，还应完成驱动装置、电机、冷却系统、电气系统、控制系统的调试。

2020年度全国二级建造师执业资格考试

《机电工程管理与实务》

真题及解析

2020年度《机电工程管理与实务》真题

一、**单项选择题**（共20题，每题1分。每题的备选项中，只有1个最符合题意）

1. 关于氧化镁电缆特性的说法，错误的是（　　）。

A. 氧化镁绝缘材料是无机物　　B. 电缆允许工作温度可达250℃

C. 燃烧时会发出有毒的烟雾　　D. 具有良好的防水和防爆性能

2. 下列风机中，属于按照排气压强划分的是（　　）。

A. 通风机　　B. 混流式风机

C. 轴流式风机　　D. 单级风机

3. 机电安装工程测量的基本程序内容中，不包括（　　）。

A. 设置纵横中心线　　B. 仪器校准或检定

C. 安装过程测量控制　　D. 设置标高基准点

4. 自动化仪表安装施工程序中，“综合控制系统试验”的紧后工序是（　　）。

A. 投运　　B. 回路试验、系统试验

C. 交接验收　　D. 仪表电源设备试验

5. 施工单位应急预案体系组成的文件不包括（　　）。

A. 综合应急预案　　B. 专项应急预案

C. 专项施工方案　　D. 现场处置方案

6. 建筑智能化工程中，电动阀门安装前应进行的试验是（　　）。

A. 模拟动作试验　　B. 阀门行程试验

C. 关紧力矩试验　　D. 直流耐压测试

7. 下列消防系统调试内容中，不属于自动喷水灭火系统的是（　　）。

A. 稳压泵调试　　B. 消防水泵调试

C. 喷射功能调试　　D. 排水设施调试

8. 电梯渐进式安全钳动作试验的载荷为（　　）。

A. 50%额定载重量　　B. 100%额定载重量

C. 110%额定载重量　　D. 125%额定载重量

9. 下列文件中，不属于施工技术交底依据的是（　　）。

A. 施工合同　　B. 施工组织设计

C. 施工图纸　　D. 专项施工方案

10. 下列影响施工进度的因素中，属于施工单位管理能力的是（　　）。

A. 材料价格的上涨　　B. 安装失误造成返工

C. 新标准技术培训　　D. 施工图纸设计变更

11. 下列施工质量控制行为中，属于事中控制的是（　　）。

A. 施工资格审查　　B. 施工方案审批

C. 检验方法审查　　D. 施工变更审查

12. 下列临时用电的做法中，存在事故隐患的是（　　）。

A. 电线电缆架空或穿管敷设　　B. 配电箱进线采用三相五线

C. 电动工具均有漏电保护　　D. 照明箱外壳未接保护零线

13. 下列绿色施工环境保护措施中，属于扬尘控制的是（　　）。

A. 对建筑垃圾进行分类　　B. 施工现场出口设置洗车槽

C. 防腐保温材料妥善保管　　D. 施工后恢复被破坏的植被

14. 机电工程项目成本控制的方法中，属于施工准备阶段控制的是（　　）。

A. 成本差异分析　　B. 施工成本核算

C. 优化施工方案　　D. 注意工程变更

15. 单机试运行方案由项目总工程师组织编制后，审定人是（　　）。

A. 项目经理　　B. 企业总工程师

C. 建设单位负责人　　D. 总监理工程师

16. 关于施工计量器具使用管理的说法，错误的是（　　）。

A. 属于强制检定的应按周期进行检定

B. 企业应建立完善的计量器具管理制度

C. 任何单位和个人不得擅自拆卸、改装计量基准

D. 强制检定周期可根据企业实际使用情况来确定

17. 下列情况中，无需到供电部门办理用电手续的是（　　）。

A. 增加用电　　B. 变更用电

C. 增设一级配电　　D. 新装用电

18. 压力容器安装前，不需要查验的是（　　）。

A. 竣工图样和产品合格证　　B. 产品质量证明文件

C. 压力容器监督检验证书　　D. 使用维护保养说明

19. 砌体工程量小于 $100m^3$ 的炉窑砌筑工程，在施工质量验收时应划分为（　　）。

A. 分部工程　　B. 分项工程

C. 检验批　　D. 子分部工程

20. 建筑安装工程分部工程质量验收的负责人是（　　）。

A. 专业监理工程师　　B. 施工项目经理

C. 设计单位技术负责人　　D. 建设单位项目负责人

二、多项选择题（共 10 题，每题 2 分。每题的备选项中，有 2 个或 2 个以上符合题意，至少有 1 个错项。错选，本题不得分；少选，所选的每个选项得 0.5 分）

21. 关于履带式起重机安全作业的说法，正确的有（　　）。

A. 履带最大接地比压小于地面承载力

B. 定期检验报告应在有效期内

C. 负载行走应按说明书的要求操作

D. 转场安拆均不需要检查验收

E. 双机抬吊各承载小于额定载荷的 80%

22. 焊接作业时，焊工遵循的作业文件有（　　）。

A. 焊接作业指导书　　B. 焊接工艺评定报告

C. 技术交底的记录　　D. 焊缝检验方案

E. 焊缝热处理方案

23. 设备找正时，常用的检测方法有（　　）。

A. 钢丝挂线法　　B. 放大镜观察接触法

C. 显微镜观察法　　D. 高精度经纬仪测量法

E. 导电接触讯号法

24. 关于电力架空线路架设及试验的说法中，正确的有（　　）。

A. 导线连接电阻不应超过同长度导线电阻的 2 倍

B. 检查架空线各相两侧的相位应一致

C. 在额定电压下对空载线路的冲击合闸试验应进行 3 次

D. 导线连接处的机械强度不应低于导线强度的 90%

E. 检验导线接头的连接质量可用红外线测温仪

25. 关于工业管道系统压力试验的说法，正确的有（　　）。

A. 脆性材料管道严禁气压试验　　B. 在热处理前完成管道的压力试验

C. 试验合格后应及时填写试验记录　　D. 压力试验宜采用液体作为试验介质

E. 严禁在金属材料的脆性转变温度下试压

26. 下列设备中，属于工业整装锅炉附件的有（　　）。

A. 省煤器　　B. 引风机

C. 风管除尘器　　D. 汽包

E. 水冷壁

27. 金属浮顶罐充水试验的检验内容主要有（　　）。

A. 罐壁强度　　B. 浮顶升降试验

C. 储罐容积　　D. 排水管严密性

E. 罐底严密性

28. 关于建筑室内管道安装的说法，正确的有（　　）。

A. 不同材质管道应先安装塑料管道后安装钢质管道

B. 埋地管道应在安装结束隐蔽之前应进行隐蔽工程验收

C. 冷热水管道垂直安装时热水管道应在冷水管道左侧

D. 金属排水管横管固定在承重结构上的固定件间距不大于 3m

E. 室内排水立管与排出管端部的连接可采用两个 45° 弯头

29. 关于导管内穿线和槽盒布线的说法，正确的有（　　）。

A. 同一交流回路导线可穿入不同金属导管内

B. 不同电压等级的导线不能穿在同一导管内

C. 同一槽盒内不宜同时敷设绝缘导线和电缆

D. 导管内的导线接头应设置在专用接线盒内

E. 垂直安装的槽盒内导线敷设不用分段固定

30. 关于洁净空调风管制作的说法，正确的有（　　）。

A. 洁净度为 N1 级至 N5 级按中压系统风管制作

B. 空调风管清洗后立即安装的风管可以不封口

C. 内表面清洗干净且检查合格的风管可不封口

D. 镀锌钢板风管的镀锌层损坏时应做防腐处理

E. 矩形风管长度为800mm时不得有纵向拼接缝

三、实务操作和案例分析题（共4题，每题20分）

（一）

背景资料：

A安装公司承包一商务楼的机电安装工程项目，工程内容包括：通风空调、给水排水、建筑电气和消防工程等。A公司签订合同后，经业主同意，将消防工程分包给B公司。在开工前，A公司组织有关工程技术管理人员，依据施工组织设计、设计文件、施工合同和设备说明书等资料，对相关人员进行项目总体交底。

A公司项目部进场后，依据施工验收规范和施工图纸制定了金属风管的安装程序：测量放线→支吊架安装→风管检查→组合连接→风管调整→风管绝热→漏风量测试→质量检查。

风管制作材料有1.0mm、1.2mm镀锌钢板、角钢等。施工后，风管板材拼接、风管制作、风管法兰连接等检查均符合质量要求，但防火阀安装和风管穿墙（见图1）存在质量问题，监理工程师要求项目部返工。

项目部组织施工人员返工后，工程质量验收合格。

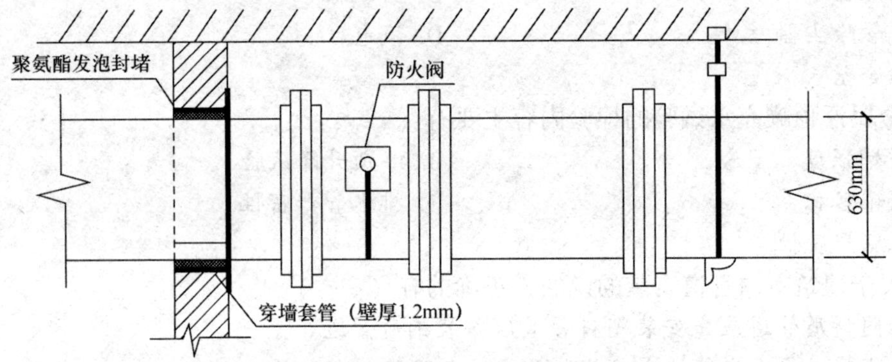

图1　风管及防火阀安装示意图

问题：

1. 开工前，需要对哪些相关人员进行项目总体交底？
2. 项目部制定的金属风管安装程序存在什么问题？会造成什么后果？
3. 本工程的风管板材拼接应采用哪种方法？风管与风管的连接可采用哪几种连接方式？
4. 图1的示意图中有哪些不符合规范要求？写出正确的做法。

（二）

背景资料：

某安装公司承包某热电联产项目的机电安装工程，主要设备材料（如母线槽等）由施工单位采购。合同签订后，安装公司履行相关开工手续，编制了施工方案及各分项工程施工程序。施工方案内容主要包括：工程概况、编制依据、施工准备、质量安全保证措施。针对低压配电母线槽的安装，制定了施工程序：开箱检查→支架安装→单节母线槽绝缘测试→母线槽安装→通电前绝缘测试→送电验收。

在施工过程中，发生了以下事件：

事件1：建设单位对配电母线槽用途提出新的要求，通知了设计单位但其未能及时修改出图，后经协调，设计单位提供了修改图纸。供货单位拿到图纸后，由于建设单位工程款未及时支付给施工单位，导致母线槽未按原定采购计划生产，安装公司催促建设单位付款后，才使母线槽送达施工现场，但已造成工期延误。

事件2：母线槽安装完成后，因没能很好地进行成品保护，遭遇雨季建筑渗水，母线槽受潮。送电前绝缘电阻测试不合格，并且部分吊架安装不符合规范要求（见图2）。质检员对母线槽安装提出了返工要求，母线槽拆下后，有5节母线槽的绝缘电阻测试值见表1。母线槽经干燥处理，增加圆钢吊架后返工安装，通电验收合格，但造成了工期的延误。

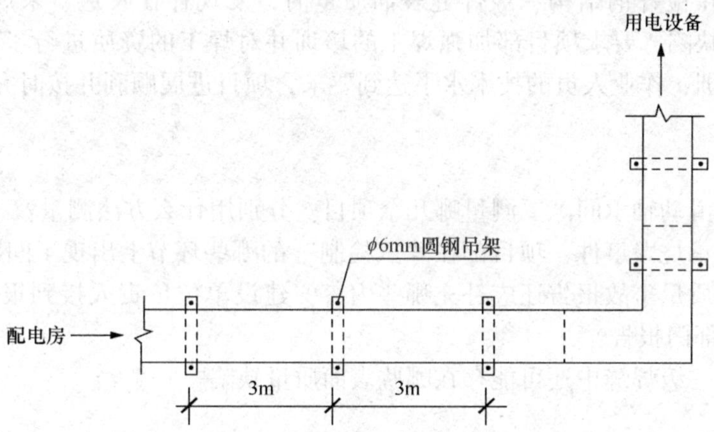

图2　母线槽安装平面示意图

母线槽绝缘电阻值　　　　**表1**

母线槽	①	②	③	④	⑤
电阻值（MΩ）	30	35	10	25	0.5

问题：

1. 安装公司编制的施工方案还应包括哪些内容？
2. 表1中，哪几节母线槽绝缘电阻测试值不符合规范要求？写出合格的要求。
3. 图2中，母线槽安装有哪些不符合规范要求？写出符合规范要求的做法。
4. 分别指出建设、设计和施工单位的哪些原因造成了工期延误？

（三）

背景资料：

某气体处理厂新建一套天然气脱乙烷生产装置，工程内容包括脱乙烷塔、丙烷制冷机组（两套）、冷箱的安装及配套的钢结构、工艺管道、电气和仪表的安装调试等。某公司承接该项目后，成立项目部，进行项目策划。策划书中强调施工质量控制，承诺全面实行“三检制”。

安装后期，在制冷机组油冲洗前，项目部对设备滑动轴承间隙进行了测量，均符合要求。按计划冲洗后，除一路支管外，其余油管路全部冲洗合格。针对一路冲洗不合格的油管，项目部采取的冲洗措施：将其他支管及主管的连接处加设隔离盲板，加大不合格支管的冲洗流量。采取措施后冲洗合格。

试车时，主轴轴承烧毁，初步估计直接经济损失 10 万元。经查在隔离盲板拆除过程中，通往主轴承的油路上的隔离盲板漏拆。监理工程师认为项目部未能严格执行承诺的“三检制”，责令项目部限期上报质量事故报告书。项目部按要求及时编写，并上报了质量事故报告。报告内容：事故发生的时间、地点，工程项目名称，事故发生后采取的措施，事故报告单位、联系人及联系方式等。监理工程师认为质量事故报告内容不完整，需要补充。

监理工程师在检查钢结构一级焊缝表面质量时，发现存在咬边、未焊满、根部收缩、弧坑裂纹等质量缺陷，要求项目部加强焊工的培训并对焊工的资质进行了再次核查。项目部进行整顿和培训，作业人员的技术水平达到要求，项目进展顺利并按时完工。

问题：

1. 制冷机组滑动轴承间隙要测量哪几个项目？分别用什么方法测量？

2. 针对主轴承烧毁事件，项目部在“三检制”的哪些环节上出现了问题？

3. 本工程的质量事故报告还应补充哪些内容？建设单位负责人接到报告后应于多长时间内向当地有关部门报告？

4. 钢结构的一级焊缝中还可能存在哪些表面质量缺陷？

（四）

背景资料：

某新建工业项目的循环冷却水泵站由某安装公司承建，泵站为半地下式钢筋混凝土结构，水泵泵组设计为三用一备，设计的一台 2t×6m 单梁桥式起重机用于泵组设备的检修吊装。该泵站为全厂提供循环冷却水，其中，鼓风机房冷却水管道系统主要材料见表 2。冷却水系统工程设计对管道冲洗无特别要求。

鼓风机房冷却水管道系统主要材料表 **表 2**

序号	名称	型号	规格	数量	备注
1	焊接钢管		*DN*100/*DN*50/*DN*40	120/150/90（m）	
2	截止阀	J41T-16	*DN*100/*DN*50/*DN*40	2 /6 / 12（个）	
3	Y 型过滤器	GL41-16	*DN*40	3（个）	
4	平焊法兰	PN1.6	*DN*100/*DN*50/*DN*40	4 /12 / 30（副）	
5	六角螺栓		M16×70/M16×65	（略）	
6	法兰垫片		*DN*100/*DN*50/*DN*40	（略）	
7	压制弯头		*DN*100/*DN*50/*DN*40	（略）	
8	异径管		*DN*100×50/*DN*100×40	（略）	
9	三通		*DN*100×50/*DN*100×40	（略）	
10	管道组合支吊架		组合件	（略）	
11	压力表	Y100，1.6 级	0~1.6MPa	3（块）	

在泵房阀门、材料进场开箱验收时，所有阀门的合格证等质量证明文件齐全，但有一台 *DN*300 电动蝶阀的手动与电动转换开关无法动作，安装公司施工人员认为该问题不影响阀门与管道的连接，遂将该阀门运至安装现场准备安装。

安装公司在起重机安装完成、验收合格后，整理起重机竣工资料。向监理工程师申请报验时，监理工程师认为竣工材料中缺少特种设备安装告知及监督监检等资料，要求安装公司补齐。

鼓风机房冷却水管道系统水压试验合格后，进行管道冲洗，冲洗压力和冲洗最小流量满足要求，冲洗后验收合格。

问题：

1. 表 2 中除焊接钢管、截止阀、平焊法兰、异径管、三通，还有哪几种材料属于管道组成件？

2. 安装公司施工人员在阀门开箱验收时的做法是否正确？应如何处置？

3. 在起重机竣工资料报验时，监理工程师的做法是否正确？说明理由。

4. 鼓风机房冷却水管道系统冲洗的合格标准是什么？系统冲洗的最低流速为多少？系统冲洗所需最小流量的计算应根据哪个规格的管道？

2020 年度真题参考答案及解析

一、单项选择题

1. C；	2. A；	3. B；	4. B；	5. C；
6. A；	7. C；	8. D；	9. A；	10. B；
11. D；	12. D；	13. B；	14. C；	15. B；
16. D；	17. C；	18. D；	19. B；	20. D。

【解析】

1. C。本题考核的是氧化镁电缆特性。氧化镁电缆是由铜芯、铜护套、氧化镁绝缘材料加工而成的。氧化镁电缆的材料是无机物。因此 A 选项正确。具备耐高温的优点，电缆允许长期工作温度达 250℃，短时间或非常时期允许接近铜熔点温度。因此 B 选项正确。氧化镁电缆自身完全不燃烧，250℃时可连续长时间运行，1000℃极限状态下也可以保持 30 分钟的正常运行，同时还不会引发火源。即使在有火焰烧烤的情况下，只要火焰温度低于铜的熔点温度，火焰消除后电缆无需更换仍可继续使用。在被火焰烧烤的情况下不会产生有毒的烟雾和气体。因此 C 选项错误。具备防爆、载流量大、防水性能好、机械强度高、寿命长、具有良好的接地性能等优点。因此 D 选项正确。

2. A。本题考核的是风机的分类。风机按照排气压强的不同划分，可分为：通风机、鼓风机、压气机。因此 A 选项正确。B、C 选项属于风机按照气体在旋转叶轮内部流动方向划分的类别。D 选项属于风机按照结构形式划分的类别。

3. B。本题考核的是工程测量的程序。本题考查的是直接叙述类型的题型，较常考的题型是紧前紧后工序的排序题。工程测量的程序包括：设置纵横中心线→设置标高基准点→设置沉降观测点→安装过程测量控制→实测记录等。包括了 A、C、D 选项的内容，不包括 B 选项的内容。

4. B。本题考核的是自动化仪表安装施工程序。自动化仪表安装施工程序包括：施工准备→配合土建制作安装盘柜基础→盘柜、操作台安装→电缆槽、接线箱（盒）安装→取源部件安装→仪表单体校验、调整安装→电缆敷设→仪表管道安装→仪表电源设备试验→综合控制系统试验→回路试验、系统试验→投运→竣工资料编制→交接验收。A 选项属于回路试验、系统试验的紧后工序。C 选项属于竣工资料编制的紧后工序。D 选项属于综合控制系统试验的紧前工序。

5. C。本题考核的是生产经营单位应急预案体系。生产经营单位的应急预案体系主要由综合应急预案、专项应急预案和现场处置方案组成。因此包括 A、B、D 选项，不包括 C 选项。

6. A。本题考核的是建筑智能化监控设备中主要输出设备安装要求。电磁阀、电动调节阀安装前，应按说明书规定检查线圈与阀体间的电阻，进行模拟动作试验和压力试验。因此 A 选项正确。

7. C。本题考核的是自动喷水灭火系统调试的内容。自动喷水灭火系统的调试应包括：

水源测试；消防水泵调试；稳压泵调试；报警阀调试；排水设施调试；联动试验。固定消防炮灭火系统施工完毕后，应做喷射功能调试。

8. D。本题考核的是电力驱动的曳引式或强制式电梯安装工程中电梯整机验收的要求。对瞬时式安全钳，轿厢应载有均匀分布的额定载重量；对渐进式安全钳，轿厢应载有均匀分布的125%额定载重量。

9. A。本题考核的是施工技术交底依据。施工技术交底的依据包括：项目质量策划、施工组织设计、专项施工方案、施工图纸、施工工艺及质量标准等。包括B、C、D选项，不包括A选项。

10. B。本题考核的是影响施工计划进度的因素。影响施工计划进度的因素包括工程资金不落实、施工图纸提供不及时、气候及周围环境的不利因素、供应商违约、设备、材料价格上涨、四新技术的应用、施工单位管理能力。其中，施工单位管理能力这个影响因素又包括施工单位的自身管理、技术水平以及项目部在现场的组织、协调与管控能力的影响。例如，施工方法失误造成返工，施工组织管理混乱，处理问题不够及时，各专业分包单位不能如期履行合同等现象都会影响施工进度计划。因此本题中B选项属于施工单位管理能力这个影响因素。材料价格上涨直接影响施工计划进度，新标准技术培训属于四新技术的应用这个影响因素，施工图纸设计变更属于施工图纸提供不及时这个影响因素。

11. D。本题考核的是机电安装工程项目施工过程的质量控制。施工质量控制按全过程分为三个阶段：事前控制、事中控制、事后控制。其中，事中控制包括：（1）施工过程质量控制。包括工序控制（一般工序控制和特殊工序控制），工序之间的交接检查的控制，隐蔽工程质量控制，调试和检测、试验等过程控制。（2）设备监造控制。指大型特殊的设备必须派人到工厂监造。（3）中间产品控制。在机电工程施工中比较多，比如锅炉及压力容器安装，实际是对中间产品进行组对的继续制造过程，这项质量控制尤为重要。（4）分项、分部工程质量验收或评定的控制。（5）设计变更、图纸修改、工程洽商等施工变更的审查控制。因此D选项属于事中控制行为。A、B、C选项属于事前控制行为中施工准备质量控制的内容。

12. D。本题考核的是临时用电安全技术要求。电缆线路应采用埋地或架空敷设，严禁沿地面明设，并应避免机械损伤和介质腐蚀。电源线与信号线、控制线应分别穿管敷设。因此A选项正确。各类机电设备、手持电动工具必须经过漏电开关，进行有效的接地、接零。因此C选项正确。在施工现场专用变压器供电的TN-S（三相五线制）接零保护系统中，电气设备的金属外壳必须与保护零线PE连接。因此B选项正确，D选项错误。

13. B。本题考核的是绿色施工要点。A选项属于建筑垃圾控制措施。B选项属于扬尘控制措施。C、D选项属于土壤保护措施。

14. C。本题考核的是项目成本控制的内容。施工准备阶段项目成本控制的内容：（1）制定科学先进、经济合理的施工方案。（2）根据企业下达的成本目标，以分部分项工程实物工程量为基础，结合劳动定额、材料消耗定额和技术组织措施的节约计划，在优化的施工方案的指导下编制明细而具体的成本计划，并按照部门、施工队和班组的分工进行分解。因此C选项正确。（3）间接费用的编制与落实。根据项目建设时间的长短和参加建设人数的多少，编制间接费用预算，并进行明细分解，为今后的成本控制和绩效考评提供依据。A、B、D选项属于施工阶段项目成本控制的内容。

15. B。本题考核的是机电工程项目单机试运行。单机试运行方案由施工项目总工程师组织编制，经施工企业总工程师审定，报建设单位或监理单位批准后实施。机电工程项目单机试运行的内容属于实务操作和案例分析题考点，在今年的考试中考查了单选题，单机试运行方案的组织编制者、审定者、批准者这些均是考核点，考生要注意这些地方。

16. D。本题考核的是施工计量器具使用管理规定。强制检定（定期、定点、定机构）是指计量标准器具与工作计量器具必须定期送由法定或授权的计量检定机构检定。对属于强制检定范围的计量器具进行强制检定，未按照规定申请检定或者检定不合格的，企业不得使用。因此 A 选项正确。企业、事业单位计量标准器具（简称计量标准）的使用具有完善的管理制度。因此 B 选项正确。非经国务院计量行政部门批准，任何单位和个人不得拆卸、改装计量基准，或者自行中断其计量检定工作。因此 C 选项正确。非强制检定计量器具的检定周期，由企业根据计量器具的实际使用情况，本着科学、经济和量值准确的原则自行确定。因此 D 选项错误。

17. C。本题考核的是用电手续的规定。申请新装用电、临时用电、增加用电容量、变更用电和终止用电，应当依照规定的程序办理手续。因此增设一级配电无需到供电部门办理用电手续。

18. D。本题考核的是特种设备安装要求。压力容器安装前应检查其生产许可证明以及出厂技术文件和资料，检查设备外观质量。出厂技术文件和资料包括：竣工图样；产品合格证、产品质量证明文件及产品铭牌的拓印件或复印件；压力容器监督检验证书；压力容器安全技术监察规程规定的设计文件，如强度计算书等。

19. B。本题考核的是炉窑砌筑工程划分。炉窑砌筑工程划分：（1）检验批应按部位、层数、施工段或膨胀缝进行划分。（2）分项工程应按炉窑结构组成或区段进行划分，分项工程可由一个或若干个检验批组成。如高炉炉底、炉缸等，转化炉辐射段、过渡段和对流段等。当炉窑砌体工程量小于 $100m^3$ 时，可将一座（台）炉窑作为一个分项工程。（3）分部工程应按炉窑的座（台）进行划分。（4）一个独立生产系统或大型的炉窑砌筑工程可划分为一个单位工程。较大的单位工程可划分为若干个子单位工程。

20. D。本题考核的是建筑安装工程分部（子分部）工程质量验收合格的规定。建筑安装工程分部（子分部）工程质量应由总监理工程师（或建设单位项目专业负责人）组织施工项目经理、项目技术负责人和有关勘察、设计单位项目负责人进行验收。

二、多项选择题

21. A、B、C、E；　22. A、C、D；　23. A、B、D、E；
24. B、C、E；　25. A、C、D、E；　26. A、B、C；
27. A、B、D、E；　28. B、C、E；　29. B、C、D；
30. B、D、E。

【解析】

21. A、B、C、E。本题考核的是流动式起重机的使用要求。流动式起重机主要有履带式起重机、汽车起重机、轮胎起重机、全地面起重机、随车起重机。流动式起重机（以下简称吊车）的基本参数，指作为选择吊车和制定吊装技术方案的重要依据的吊车性能数据，主要有额定起重量、最大工作半径（幅度）和最大起升高度。在特殊情况下，还需要知道起重机的起重力矩、支腿最大压力、轮胎最大载荷、履带接地最大比压和抗风能力。两台起重机作主吊吊装时，吊重应分配合理，单台起重机的载荷不宜超过其额定载荷的 80%，必要时应采取平衡措施。因此 E 选项正确。履带式起重机负载行走，应按说明书的要求操作，必要时应编制负载行走方案。因此 C 选项正确。起重机械的安装，必须经特种设备检验检测机构按照《安全技术规范》的要求进行监督检验，未经检验合格的不得交付使用。因此 D 选项错误。A 选项必须小于地面承载力，正确。B 选项为规范通用规定，正确。

22. A、C、D。本题考核的是焊接前检验。焊工应取得相应的资格，获得了焊接工艺(作业）指导书，并接受了技术交底。因此 A、C 选项正确。焊接前应根据施工图、施工方案、施工规范规定的焊缝质量检查等级编制检验和试验方案。因此 D 选项正确。焊接工艺评定报告不能直接用于指导焊接作业，B 选项错误。E 选项属于焊接完成后需要参照的技术方案。

23. A、B、D、E。本题考核的是设备找正检测方法。常用设备找正的方法有：钢丝挂线法、放大镜观察接触法、导电接触讯号法、高精度经纬仪、精密全站仪测量法。

24. B、C、E。本题考核的是电力架空线路架设及试验要求。线路连接要求：（1）导线连接应接触良好，其接触电阻不应超过同长度导线电阻的 1.2 倍。因此 A 选项数值错误，正确的是“1.2 倍”。（2）导线连接处应有足够的机械强度，其强度不应低于导线强度的 95%。因此 D 选项数值错误，正确的是“95%”。电力架空线路试验要求：（1）检查架空线各相的两侧相位应一致。因此 B 选项正确。（2）在额定电压下对空载线路的冲击合闸试验应进行 3 次。因此 C 选项正确。（3）用红外线测温仪，测量导线接头的温度，来检验接头的连接质量。因此 E 选项正确。

25. A、C、D、E。本题考核的是工业管道系统压力试验。脆性材料严禁使用气体进行试验，压力试验温度严禁接近金属材料的脆性转变温度。因此 A、E 选项正确。管道安装完毕，热处理和无损检测合格后，进行压力试验。因此 B 选项错误。压力试验合格后，应填写管道系统压力试验记录。因此 C 选项正确。压力试验应以液体为试验介质，当管道的设计压力小于或等于 0.6MPa 时，可采用气体为试验介质，但应采取有效的安全措施。因此 D 选项正确。

26. A、B、C。本题考核的是锅炉附件安装内容。锅炉附件安装主要包括省煤器、鼓风机及风管除尘器、引风机、烟囱以及管道、阀门、仪表、水泵等安全附件的安装。因此本题选 A、B、C 选项。D、E 选项属于锅炉本体设备中锅的组成部分。

27. A、B、D、E。本题考核的是储罐充水试验的检验内容。储罐建造完毕，应进行充水试验，并应检查：罐底严密性，罐壁强度及严密性，固定顶的强度、稳定性及严密性，浮顶及内浮顶的升降试验及严密性，浮顶排水管的严密性等。进行基础的沉降观测。

28. B、C、E。本题考核的是建筑管道安装。对于不同材质的管道应先安装钢质管道，后安装塑料管道。因此 A 选项安装顺序表述错误，正确的是“先安装钢质管后安装塑料管”。埋地管道、吊顶内的管道等在安装结束隐蔽之前，应进行隐蔽工程验收，并做好记录。因此 B 选项正确。冷热水管道上下平行安装时热水管道应在冷水管道上方，垂直安装时热水管道应在冷水管道左侧。因此 C 选项正确。金属排水管道上的吊钩或卡箍应固定在承重结构上。固定件间距：横管不大于 2m；立管不大于 3m。D 选项中数值错误，正确的是“不大于 2m”。室内立管与排出管端部的连接，应采用两个 45°弯头或曲率半径不小于 4 倍管径的 90°弯头。因此 E 选项正确。

29. B、C、D。本题考核的是导管内穿线和槽盒内敷线技术要求。同一交流回路的绝缘导线不应敷设于不同的金属槽盒内或穿于不同金属导管内。因此 A 选项错误，错在“可穿入”这三个字，正确的是“不应穿入”。不同回路、不同电压等级、交流与直流的导线不得穿在同一管内。因此B选项正确。绝缘导线的接头应设置在专用接线盒（箱）或器具内，不得设置在导管内。因此C选项正确。同一槽盒内不宜同时敷设绝缘导线和电缆。因此D选项正确。绝缘导线在槽盒内应有一定余量，并应按回路分段绑扎；当垂直或大于45°倾斜敷设时，应将绝缘导线分段固定在槽盒内的专用部件上，每段至少应有一个固定点。因此E选项错误，错在“不用分段固定”，正确的是“应分段固定，并每段至少应有一个固定点”。

30. B、D、E。本题考核的是洁净室空调风管制作要求。洁净度等级N1级至N5级的按高压系统的风管制作要求。因此A选项错误，错在“中压”这两个字，正确的是“高压”。风管及部件制作完成后，用无腐蚀性清洗液将内表面清洗干净，干燥后经检查达到要求即进行封口，安装前再拆除封口。清洗后立即安装的可不封口。因此B选项正确，C选项错误。加工镀锌钢板风管应避免损坏镀锌层，如有损坏应做防腐处理。因此D选项正确。矩形风管边长不大于800mm时，不得有纵向接缝。因此E选项正确。

三、实务操作和案例分析题

(一)

1. 开工前，需要对项目部职能部门、专业技术负责人和主要施工负责人及B公司（分包单位）有关人员进行项目总体交底。

2. 项目部制定的金属风管安装程序存在的问题：先进行风管的绝热再进行漏风量测量(应为漏风量测试→风管绝热)。

造成的后果：先绝热后漏风量测试会导致漏风量测试不能正常进行（绝热工程不必要的返工)。

3. 本工程的风管板材拼接应采用咬口连接。

风管与风管的连接可采用角钢法兰连接、薄钢板（共板）法兰连接等。

4. 图1中不符合规范要求之处和正确的做法：

（1）不符合规范要求之处：风管与防护套管之间用聚氨酯发泡封堵，穿墙套管管壁厚度1.2mm，防火阀未设置独立支吊架。

（2）正确的做法：风管与穿墙套管之间选用不燃柔性材料，穿墙套管管壁厚度不小于1.6mm，边长大于等于630mm的防火阀应设置独立的支吊架。

(二)

1. 安装公司编制的施工方案还应包括：施工安排（部署)、施工进度计划、资源配置计划、施工方法及工艺要求。

2. 表1中，母线槽第③节、第⑤节绝缘电阻值不符合规范要求。

正确做法：每节母线槽的绝缘电阻测试值不应小于20MΩ。

3. 母线槽安装的不符合规范要求之处及正确做法：

（1）吊架圆钢直径为6mm不符合规范要求，圆钢直径不小于8mm；

（2）吊架间距为3m不符合要求，吊架间距不大于2m；

（3）母线槽转弯处仅1副吊架不符合规范要求，应在转弯处增设一副吊架。

4. 建设单位造成工期延误的原因是：工程款未及时支付给施工单位，影响母线槽采购及施工进度。

设计单位造成工期延误的原因是：建设单位对配电母线槽的用途提出新的要求后，未及时修改出图，影响母线槽制造及施工。

施工单位造成工期延误的原因是：未能很好地进行成品保护导致母线槽受潮，绝缘电阻测试不合格，吊架安装不符合规范要求需要返工，造成工期延误。

（三）

1. 制冷机组滑动轴承间隙要测量项目有：顶间隙测量、侧间隙测量、轴向间隙测量。

顶间隙采用压铅法测量；侧间隙采用塞尺测量；轴向间隙采用塞尺或千分表测量。

2. 针对本次主轴承烧毁事件，项目部在自检、互检、专检三个环节上都出现了问题。

3. 本工程的质量事故报告还应补充：工程各参建单位名称、初步估计直接经济损失、事故初步原因、事故控制情况、其他应当报告的情况。

建设单位负责人接到报告后，应于 1h 内向当地有关部门报告。

4. 钢结构的一级焊缝中还可能存在的表面质量缺陷：焊缝尺寸不符合要求、表面气孔、表面夹渣、焊瘤、表面裂纹、电弧擦伤。

（四）

1. 管道组成件还有法兰垫片、压制弯头、Y 型过滤器、六角螺栓、压力表。

2. 安装公司施工人员在阀门开箱验收时的做法，不正确。

应当这样处置：设备开箱验收时，设备的出厂合格证等质量证明文件虽然齐全，但设备实际存在问题或缺陷，应视为不合格产品，不得安装。采购方应按照有关法规及采购合同等合法文件对不合格产品应拒绝接收。

3. 在起重机竣工资料报验时监理工程师的做法，不正确。

理由：本题中的单梁桥式起重机额定起重量为 2t，小于起重机械范围规定的额定起重量大于或者等于 3t 的规定，该起重机不属于特种设备，不需要安装告知和监督检验。

4. 鼓风机房冷却水管道系统冲洗的合格标准：排出口的水色透明度与入口水目测一致。

系统冲洗的最低流速为 1.5m/s。

系统冲洗最小流量必须满足工程中最大直径钢管的最低流速要求，系统冲洗所需最小流量的计算应依据 *DN*100 钢管。

2019年度全国二级建造师执业资格考试

《机电工程管理与实务》

真题及解析

2019 年度《机电工程管理与实务》真题

一、单项选择题（共 20 题，每题 1 分。每题的备选项中，只有 1 个最符合题意）

1. 下列材料中，可用于制作热电偶丝的是（　　）。

A. 紫铜　　B. 锡黄铜

C. 锰白铜　　D. 铍青铜

2. 下列变压器中，不属于按用途分类的是（　　）。

A. 电力变压器　　B. 油浸变压器

C. 整流变压器　　D. 量测变压器

3. 地下管线工程回填前，不需要测量的项目是（　　）。

A. 管线起点坐标　　B. 窨井位置坐标

C. 管线顶端标高　　D. 管线中心标高

4. 下列分析取源部件安装位置的要求，正确的是（　　）。

A. 应安装在压力变化的位置

B. 应安装在成分稳定的位置

C. 应安装在具有生产过程化学反应的位置

D. 应安装在不具有代表性的分析样品位置

5. 下列接缝形式中，不用于绝热工程金属保护层施工的是（　　）。

A. 搭接形式　　B. 对接形式

C. 插接形式　　D. 咬接形式

6. 建筑智能化集成系统验收文件中，不包括的文件是（　　）。

A. 应用软件文档　　B. 接口技术文件

C. 防火墙配置文件　　D. 接口测试文件

7. 下列消防产品中，无须通过强制性产品认证（3C 认证）的是（　　）。

A. 消防应急照明灯具　　B. 消防排烟风机

C. 消防加压送风口　　D. 防火涂料

8. 关于电梯整机验收要求的说法，错误的是（　　）。

A. 电梯的动力电路必须有过载保护装置

B. 断相保护装置应使电梯不发生危险故障

C. 电梯门锁装置必须与其型式试验证书相符

D. 限速器在联动试验中应使电梯主机延时制动

9. 下列工程变更中，不属于重大设计变更的是（　　）。

A. 工艺方案变化　　B. 增加单项工程

C. 扩大设计规模　　D. 满足用户需求

10. 下列因素中，会导致施工图纸提供不及时的因素是（　　）。

A. 拖欠工程进度款　　B. 规范标准的修订

C. 现场的管控能力　　D. 新施工技术交底

11. 工程质量事故发生后，施工现场有关人员可直接向主管部门报告，报告内容中不包括的是（　　）。

A. 事故发生的原因和事故性质

B. 事故报告单位、联系人及联系方式

C. 事故发生的简要经过、伤亡人数和初步估计的直接经济损失

D. 事故发生的时间、地点、工程项目名称、工程各参建单位名称

12. 储罐内防腐蚀涂装作业中，不存在的危险源是（　　）。

A. 窒息　　B. 中毒

C. 触电　　D. 溜滑

13. 下列绿色施工技术中，属于节材与材料资源利用方面的是（　　）。

A. BIM 技术及工厂化预制　　B. 雨水回收和利用

C. 使用太阳能临时照明灯　　D. 减少土方开挖和回填

14. 在编制项目施工成本计划时，不采用的方法是（　　）。

A. 按项目工序成本编制成本计划的方法　　B. 按成本构成编制成本计划的方法

C. 按工程实施阶段编制成本计划的方法　　D. 按项目结构编制成本计划的方法

15. 关于 30kW 水泵单机试运转的说法，正确的是（　　）。

A. 连续试运转时间应为 15min　　B. 试运转的介质宜采用清水

C. 滑动轴承温度不应大于 80℃　　D. 滚动轴承温度不应大于 90℃

16. 关于 A 类计量器具的管理办法，正确的是（　　）。

A. 送法定计量检定机构定期检定　　B. 由所属企业计量管理部门校正

C. 经检查及验证合格后可以使用　　D. 用检定合格仪表直接对比核准

17. 建立与管理项目临时用电安全技术档案的是主管现场的（　　）。

A. 安全员　　B. 项目负责人

C. 资料员　　D. 电气技术员

18. 关于 GC 类压力管道安装前要求的说法，错误的是（　　）。

A. 施工方案需经发包方批准　　B. 发电子邮件履行告知手续

C. 应向省级质量技术监督部门告知　　D. 焊工应持有《特种设备作业人员证》

19. 下列管道中，应划分为主要分项工程的是（　　）。

A. 空调管道　　B. 氧气管道

C. 空气管道　　D. 供暖管道

20. 建筑安装分项工程质量验收的组织人是（　　）。

A. 建设单位项目负责人　　B. 施工单位项目负责人

C. 施工单位技术负责人　　D. 监理单位监理工程师

二、多项选择题（共 10 题，每题 2 分。每题的备选项中，有 2 个或 2 个以上符合题意，至少有 1 个错项。错选，本题不得分；少选，所选的每个选项得 0.5 分）

21. 流动式起重机特性曲线已图表化的有（　　）。

A. 各种工况下作业范围图　　B. 起升高度和工作范围图

C. 各种工况下主臂仰角图　　D. 各种工况下起重能力表

E. 臂长与作业半径匹配表

22. 下列参数中，属于焊条电弧焊焊接过程中应控制的工艺参数有（　　）。

A. 焊接电流　　B. 焊接电压

C. 焊接速度　　D. 坡口尺寸

E. 焊接层数

23. 工业机电设备负荷联动试运转中，主要考核的内容有（　　）。

A. 安装质量　　B. 设备性能

C. 自控功能　　D. 生产能力

E. 生产工艺

24. 绝缘油注入油浸电气设备前，绝缘油应进行试验的项目有（　　）。

A. 电气强度试验　　B. 直流耐压试验

C. 介质损失角正切值试验　　D. 局部放电试验

E. 色谱分析

25. 下列管道器件中，属于管道组成件的有（　　）。

A. 过滤器　　B. 密封件

C. 疏水器　　D. 紧固件

E. 锚固件

26. 光伏发电设备安装的常用支架有（　　）。

A. 固定支架　　B. 弹簧支架

C. 可调支架　　D. 抗震支架

E. 跟踪支架

27. 下列作业活动中，属于工业钢结构安装主要环节的有（　　）。

A. 钢结构安装　　B. 作业地面整平

C. 钢构件制作　　D. 基础验收找平

E. 防腐蚀涂装

28. 下列分项工程中，属于建筑饮用水供应系统的有（　　）。

A. 管道及配件安装　　B. 防腐

C. 给水设备安装　　D. 绝热

E. 试验与调试

29. 关于管内导线敷设的要求，正确的有（　　）。

A. 导线在管内敷设可有一个接头

B. 线路绝缘电阻不应小于 0.5MΩ

C. 管内导线的总数不应多于 8 根

D. 中性线的导线绝缘层为淡蓝色

E. 同一回路导线应穿同一导管内

30. 关于变风量空调系统非设计满负荷条件下联合调试的要求，正确的有（　　）。

A. 系统总风量实测值与设计风量的偏差不应大于 10%

B. 系统空气处理机组应能在设计参数范围内对风机实现变频调速

C. 空气处理机组新风量实测值与设计新风量的允许偏差为 0~+10%

D. 空调冷（热）水系统、冷却水系统总流量与设计流量的偏差不应大于 10%

E. 各变风量末端装置的最大风量调试结果与设计风量的偏差不应大于−5%~+15%

三、实务操作和案例分析题（共4题，每题20分）

（一）

背景资料：

某建设项目由A公司施工总承包，A公司征得业主同意，把变电所及照明工程分包给B公司。分包合同约定：电力变压器、配电柜等设备由A公司采购；灯具、开关、插座、管材和电线电缆等由B公司采购。

B公司项目部进场后，按公司的施工资源现状，编制了变电所及照明工程施工作业进度计划（见表1），工期需150d，在审批时被A公司否定，要求增加施工人员，优化变电所及照明工程施工作业进度计划，缩短工期。B公司项目部按A公司要求，在工作持续时间不变的情况下，将照明线管施工的开始时间提前到3月1日，变电所和照明工程平行施工。

在设备、材料到达施工现场后，B公司项目部依据施工图纸和施工方案，对灯具、开关及插座的安装进行技术交底，灯具类型及安装高度见表2。在施工质量的检查中，监理工程师发现单相三孔插座的保护接地线（PE）在插座间串联连接（如图1所示），相线与中性线利用插座本体的接线端子转接供电。监理工程师要求返工，使用连接器对插座的保护接地线、相线和中性线进行分路连接，施工人员按要求整改后通过验收。

变电所及照明工程施工作业进度计划　　表1

序号	工作内容	持续时间	3月			4月			5月			6月			7月		
			1	11	21	1	11	21	1	11	21	1	11	21	1	11	21
1	变电所施工验收送电	70d	——	——	——	——	——	——	——								
2	照明线管施工	30d							——	——	——						
3	照明线管穿线	30d									——	——	——				
4	灯具安装	30d											——	——	——		
5	开关插座安装	30d											——	——	——		
6	通电试灯	10d														——	
7	试运行验收	10d															——

照明灯具安装高度统计表　　表2

灯具类型	Ⅰ类	Ⅱ类	Ⅲ类
高于2.4m	3050个	200个	
低于2.4m	300个	190个	200个

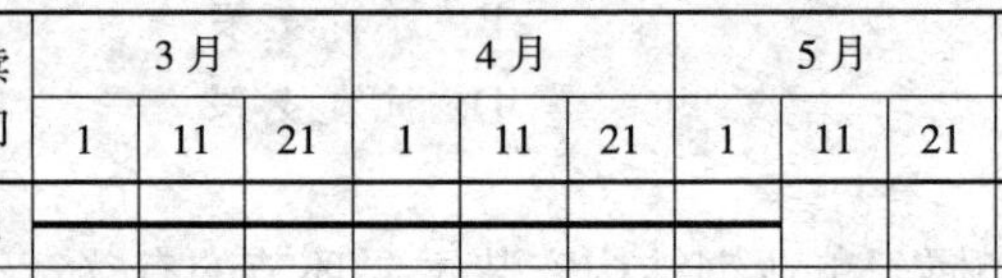

图1　保护接地线在插座间串联连接示意图

问题：

1. B公司项目部编制的施工作业进度计划（表1）为什么被A公司否定？优化后的进

度计划工期缩短为多少天？

2. B 公司项目部在编制施工作业进度计划前，应充分了解哪些内容？

3. 本照明工程有多少个灯具外壳需要与保护导体连接？写出连接的要求。

4. 图 1 中的插座接线会有什么不良后果？画出正确的插座保护接地线连接的示意图。

（二）

背景资料：

某安装公司签订了20MWp并网光伏发电项目的施工总承包合同，主要工作内容有：光伏场区发电设备及线路（包括光伏阵列设备、逆变及配电设备、箱式变压器、35kV电缆集电线路等）安装工程、35kV架空线路安装工程、开关站安装工程（包括一次设备、母线和二次设备）等。

安装公司项目部进场后，认真开展项目开工前的各项准备工作，项目经理组织编制了机电安装工程施工组织总设计，技术人员编制了主要施工方案，方案中的绿色施工管理的重点是草原土壤保护。

施工前，施工方案编制人员向作业人员进行了安全技术交底。光伏场区集电线路设计为35kV直埋电缆，根据施工方案要求，采用机械开挖电缆沟，由于沟底有少量碎石，施工人员在沟底铺设一层细沙，完成直埋电缆工程的相关工作。

在施工过程中，公司总部多次对项目部进行综合检查，发现下列事件，存在施工质量问题，并监督项目部进行了整改。

事件1：现场作业人员使用的经纬仪检定合格证超过有效期，电气试验人员使用的兆欧表检定合格证丢失，项目部计量管理员对施工使用的计量器具没有进行跟踪管理。

事件2：室内配电装置的母线采用螺栓连接，作业人员在母线连接处涂了凡士林，母线平置连接时的螺栓由上向下穿，螺栓连接的母线两外侧只有平垫圈，并用普通扳手紧固。

问题：

1. 本工程在绿色施工管理中，对草原土壤保护的要求有哪些？
2. 沟底铺设一层细沙后，直埋电缆工程的相关工作还有哪些？
3. 事件1中，项目部计量管理员的管理是否合格？简述项目部计量管理员的工作内容。
4. 在事件2中，项目部是如何整改的？

（三）

背景资料：

A 公司在山区峡谷中建设洞内油库，工程内容包括：罐室及 6 台金属油罐、输油管道、铁路装卸油站等建筑与安装工程。A 公司与 B 公司签订了施工总承包合同，B 公司拟与 C 公司签订输油管道安装工程施工专业分包合同，A 公司不同意 B 公司分包给 C 公司，认为 C 公司具有的 GB、GC1 压力管道安装许可项目不能满足要求。

油罐布置在一条主巷道两侧的罐室中，罐室尺寸如图 2 所示，由支巷道进入罐室，支巷道剖面尺寸为 3. 6m×3. 9m（宽×高），安装操作空间相当狭小，另支巷道毛地面不平坦，运输和吊装困难，且罐室内无通风竖井，必须通过支巷道通风换气。

B 公司成立了以项目经理任组长的安全领导小组，设置了安全生产监督管理部门，配齐了专职安全员，制定了各级安全责任制，明确了 HSE 经理对本项目安全生产负全面责任，项目总工程师对本项目部分安全生产工作和安全生产技术工作负责。

项目部对现场职业健康安全危险源辨识后，确认存在的危险源有：爆炸、坍塌、受限空间作业、吸入烟雾（尘粒）等。

B 公司按施工组织设计配置的计量器具有：钢直尺、10m 钢卷尺、直角尺等，并自制了样板和样杆，满足了油罐本体及金属结构的制作安装质量控制要求。

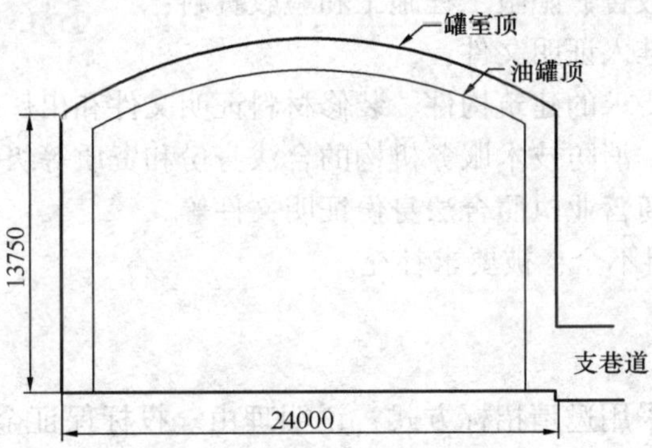

图 2　金属油罐及罐室立面图

问题：

1. A 公司不同意 B 公司与 C 公司拟签施工专业分包合同是否妥当？说明理由。

2. B 公司项目部制定安全生产责任制是否符合规定？写出项目经理和项目总工程师对本项目的安全管理职责。

3. 本项目金属油罐的制作安装还存在哪些危险源？

4. 自制的样板属于哪类计量器具？使用前应经过哪些工序确认？

（四）

背景资料：

某超高层项目，建筑面积约 18 万 m^2，高度 260m，考虑到超高层施工垂直降效严重的问题，建设单位（国企）将核心筒中四个主要管井内立管的安装，由常规施工方法改为模块化的装配式建造方法，具有一定的技术复杂性。建设单位还要求 F1 ~ F7 层的商业部分提前投入运营，需提前组织消防验收。

经建设单位同意，施工总承包单位将核心筒管井的机电工程公开招标。管井内的管道主要包括空调冷冻水、冷却水、热水、消火栓及自动喷淋系统。该机电工程招标控制价 2000 万元，招标文件中明确要求投标人提交 60 万元投标保证金。某分包单位中标该工程，并与总承包单位签订了专业分包合同。

施工过程中，鉴于模块化管井立管的吊装属于超过一定规模的危险性较大的专项工程，分包单位编制安全专项施工方案，通过专家论证后，分包单位组织了实施。

该工程管井内的空调水立管上设置补偿器，分包单位按设计要求的结构形式及位置安装支架。在管道系统投入使用前，及时调整了补偿器。

F1 ~ F7 层商业工程竣工后，建设单位申请消防验收，递交的技术资料如下：

（1）消防验收申请表；

（2）工程竣工验收报告、隐蔽工程施工和验收资料；

（3）消防产品市场准入证明文件；

（4）具有防火性能要求的建筑构件、装修材料证明文件和出厂合格证；

（5）工程监理单位、消防技术服务机构的合法身份和资质等级证明文件；

（6）建设单位的工商营业执照合法身份证明文件等。

经消防部门审查资料不全，被要求补充。

问题：

1. 该机电工程可否采用邀请招标方式？说明理由。投标保证金金额是否符合规定？说明理由。

2. 该工程的安全专项施工方案专家论证会应由哪个单位组织召开？论证前需由哪几个单位人员审核？参加论证会的专家中，符合专业要求的人数应不少于多少名？

3. 补偿器两侧的空调水立管上应安装何种形式的支架？补偿器应如何调整？使其处于何种状态？

4. 建设单位提出的 F1 ~ F7 层商业局部消防验收的申请是否可以？建设单位还应补充哪些消防验收资料？

2019年度真题参考答案及解析

一、单项选择题

1. C；	2. B；	3. D；	4. C；	5. B；
6. C；	7. C；	8. D；	9. D；	10. B；
11. A；	12. D；	13. A；	14. A；	15. B；
16. A；	17. D；	18. C；	19. B；	20. D。

【解析】

1. C。本题考核的是有色金属的应用。热电偶丝是指构成热电偶两热电极的金属丝或合金丝。锰含量高的锰白铜可制作热电偶丝。因此C选项正确。纯铜常称紫铜，主要用于制作电导体及配制合金。因此A选项不选。锡黄铜广泛用于制作船舶零件。因此B选项不选。铍青铜（以铍为主要添加元素的青铜）的铍含量为0.2%~2%，再加入少量的（0.2%~2.0%）钴或镍第三组元，该合金可热处理强化，是理想的高导、高强弹性材料；铍青铜无磁、抗火花、耐磨损、耐腐蚀、抗疲劳和抗应力松弛，并且易于铸造和压力加工成型。铍青铜铸件的典型用途是用作塑料或玻璃的铸模、电阻焊电极、石油开采用防爆工具、海底电缆防护罩等。铍青铜加工材的典型用途是用作电子器件中的载流簧片、接插件、触点、紧固弹簧、板簧和螺旋簧、膜盒、波纹管及引线框架等。因此D选项不选。此知识点已删除。

2. B。本题考核的是变压器的分类。按变压器的用途不同分为电力变压器、电炉变压器、整流变压器、电焊变压器、船用变压器、量测变压器等。B选项属于变压器按冷却方式的分类。

3. D。本题考核的是管线工程的测量。地下管线工程测量必须在回填前，测量出起、止点，窨井的坐标和管顶标高。因此A、B、C选项是需要测量项目。此知识点已删除。

4. C。本题考核的是分析取源部件安装位置的要求。A选项错在“压力变化”这四个字，正确的是“压力稳定”。B选项错在“成分稳定”这四个字，正确的是“能灵敏反映真实成分变化”。D选项错在“不具有”这三个字，正确的是“具有”。

5. B。本题考核的是金属保护层施工技术要求。绝热工程金属保护层的接缝可选用搭接、咬接、插接及嵌接的形式。保护层安装应紧贴保温层或防潮层。金属保护层纵向接缝可采用搭接或咬接；环向接缝可采用插接或搭接。室内的外保护层结构，宜采用搭接形式。因此B选项不属于绝热工程金属保护层的接缝可选用的形式。

6. C。本题考核的是建筑智能化集成系统验收文件。建筑智能化集成系统验收文件应包括：针对项目编制的应用软件文档；接口技术文件；接口测试文件。C选项属于建筑智能化工程中信息网络系统的验收文件。

7. C。本题考核的是消防产品的强制性认证（3C认证）。实行3C认证的消防产品目录包括：火灾报警产品、消防水带、喷水灭火产品、灭火剂、建筑耐火构件、火灾防护产品、泡沫灭火设备产品、灭火器、消防给水设备产品、气体灭火设备产品、干粉灭火设备产品、消防防烟排烟设备产品、避难逃生产品、消防通信产品等 14 个产品类别。D 选项属于火灾防护产品，B 选项属于消防防烟排烟设备产品，A 选项属于避难逃生产品。此知识点已删除。

8. D。本题考核的是电梯工程的验收要求。限速器与安全钳电气开关在联动试验中必须动作可靠，且应使驱动主机立即制动。D 选项错在“延时制动”四个字，正确的是“立即制动”。

9. D。本题考核的是设计变更的分类。重大设计变更是指变更对项目实施总工期和里程碑产生影响，或改变工程质量标准、整体设计功能，或增加的费用超出批准的基础设计概算，或增加原批准概算中没有列入的单项工程，或工艺方案变化、扩大设计规模、增加主要工艺设备等改变基础设计范围等原因提出的设计变更。因此 A、B、C 选项属于重大设计变更，D 选项属于一般设计变更。

10. B。本题考核的是影响施工计划进度的因素。影响施工计划进度的因素：工程资金不落实，施工图纸提供不及时，气候及周围环境的不利因素，供应商违约，设备、材料价格上涨，四新技术的应用，施工单位管理能力。其中，规范标准的修订会导致施工图纸提供不及时，拖欠工程进度款会导致工程资金不落实，现场的管控能力会影响施工单位管理能力，新施工技术交底会影响施工进度计划的执行。因此 B 选项正确。

11. A。本题考核的是质量事故处理程序。工程质量事故发生后，事故现场有关人员应当立即向工程建设单位负责人报告。事故报告应包括下列内容：(1) 事故发生的时间、地点、工程项目名称、工程各参建单位名称；(2) 事故发生的简要经过、伤亡人数（包括下落不明的人数）和初步估计的直接经济损失；(3) 事故的初步原因；(4) 事故发生后采取的措施及事故控制情况；(5) 事故报告单位、联系人及联系方式；(6) 其他应当报告的情况。因此 B、C、D 选项正确。A 选项属于事故调查报告的内容。

12. D。本题考核的是施工安全技术措施的制定。在受限空间作业，空气不流通，很容易发生窒息、中毒、火灾、爆炸事故。因此，本题选 D。此知识点已删除。

13. A。本题考核的是绿色施工要点。采用“三维建模、BIM 技术、工厂化预制、模块化安装”等先进施工技术，精密设计、建造，提高材料利用率，属于节材与材料资源利用技术要点。因此 A 选项正确。B 选项属于节水与水资源利用技术要点，C 选项属于节能与能源利用技术要点，D 选项属于节地与施工用地保护技术要点。

14. A。本题考核的是编制施工成本计划的方法。编制施工成本计划的方法包括：按成本构成编制成本计划的方法、按项目结构编制成本计划的方法、按工程实施阶段编制成本计划的方法。因此 B、C、D 属于编制项目施工成本计划时采用的方法，A 选项不属于编制项目施工成本计划时采用的方法。

15. B。本题考核的是机电工程项目单机试运行。当泵的轴功率<50kW 时，连续单机试运转时间应为 30min。因此 A 选项中试运转时间数值“15min”错误，正确的是“30min”。单机试运转的介质宜采用清水，因此 B 选项正确。泵进行单机试运转时，轴承、轴承箱和油池润滑油的温升不应超过环境温度 40℃，滑动轴承的温度不应大于 70℃；滚动轴承的温度不应大于 80℃。因此，C 选项中描述的数值规定“不应大于 80℃”错误，正确的是“不应大于 70℃”。D 选项中描述的数值规定“不应大于 90℃”错误，正确的是“不应大于 80℃”。

16. A。本题考核的是分类管理计量器具。A 类计量器具管理办法：属于企业最高计量标准器具，按照《计量法》有关规定，送法定计量检定机构，定期检定。因此 A 选项正确。B 选项属于 B 类计量器具的管理办法，C、D 选项属于 C 类计量器具的管理办法。

17. D。本题考核的是用电安全规定。临时用电安全技术档案应由主管现场的电气技术人员建立与管理。

18. C。本题考核的是压力管道安装要求。安装单位应当在压力管道安装施工（含试安装）前履行告知手续。承担跨省长输管道安装的安装单位，应当向国家质检总局履行告知手续；承担省内跨市长输管道安装的安装单位，应当向省级质量技术监督部门履行告知手续；其他压力管道的安装单位，应当向设区的市级质量技术监督部门履行告知手续。特种设备安装、改造、维修的施工单位以书面形式告知直辖市或设区的市的特种设备安全监督管理部门后即可施工，告知不属于行政许可。告知方式主要包括：送达、邮寄、传真、电子邮件或网上告知。因此 C 选项错误，B 选项正确。从事管道元件制造和安装、改造、维修焊接的焊接人员，必须取得焊工相应的《特种设备作业人员证》，方可在有效期内承担合格项目范围内的焊接作业。因此 D 选项正确。管道安装施工前，安装单位应编制管道安装工艺文件，如施工组织设计、施工方案等，经使用单位（或者其委托方技术负责人）批准后方可进行管道安装工作。因此 A 选项正确。

19. B。本题考核的是分项工程的划分。若干分项工程组成一个分部工程，其中对工程质量影响大的分项工程应划定为主要分项工程。管道工程中，蒸汽管道、氧气管道、天然气管道、煤气管道是输送易燃、易爆危险介质的管道，如果出现管道内清洗不干净、焊口缺陷、垫片泄漏、焊后热处理消除应力不当、试压不符合标准、管道焊缝射线探伤数量不符合规定等安装质量低劣情况，管道使用后将成为事故隐患，一旦引发，会发生爆裂、气体泄漏、火灾或爆炸等重大事故，因此，这类管道安装应视为主要分项工程，作为施工质量验收重点对象。此知识点已删除。

20. D。本题考核的是建筑安装工程施工质量验收的组织。检验批、分项工程质量验收由专业监理工程师或建设单位项目技术负责人分别组织施工单位专业质量检查员、专业工长、项目专业技术负责人等进行验收。因此 D 选项正确。分部（子分部）工程质量验收的组织人是监理单位总监理工程师或建设单位项目负责人。单位（子单位）工程施工质量验收的组织人是建设单位负责人。

二、多项选择题

21. A、B、D、E；　　22. A、B、C、E；　　23. A、B、D、E
24. A、C、E；　　25. A、B、C、D；　　26. A、C、E；
27. A、D、E；　　28. A、B、D、E；　　29. B、C、D、E
30. B、C、D。

【解析】

21. A、B、D、E。本题考核的是流动式起重机的特性曲线。反映流动式起重机的起重能力随臂长、工作半径的变化而变化的规律和反映流动式起重机的起升高度随臂长、工作半径变化而变化的规律的曲线称为起重机的特性曲线。因此 E 选项也是起重机特性曲线图表化的一种，没有主臂仰角，因此 C 选项不选。此题可根据其定义判断出 E 选项是正确的。目前，大型吊车特性曲线已图表化。例如，吊车各种工况下的作业范围（或起升高度—工作范围）图和载荷（起重能力）表等。因此 A、B、D、E 选项正确。

22. A、B、C、E。本题考核的是焊接过程检验。焊工操作焊条电弧焊时，检查其执行的焊接工艺参数包括：焊接方法、焊接材料、焊接电流、焊接电压、焊接速度、电流种类、极性、焊接层（道）数、焊接顺序。因此 A、B、C 选项正确。

23. A、B、D、E。本题考核的是设备试运转。负荷联动试运转是在投料的情况下，全面考核设备安装工程的质量，考核设备的性能、生产工艺和生产能力，检验设计是否符合和满足正常生产的要求。负荷联动试运转应按生产工艺流程进行，但可以从没有任何电气联动、联锁的环节处分段。需要进行热负荷试运转的设备（如工业炉设备），则往往伴随着试生产进行。因此 A、B、D、E 选项正确。

24. A、C、E。本题考核的是电气设备的施工技术要求。绝缘油应经严格过滤处理，其电气强度及介质损失角正切值和色谱分析等试验合格后才能注入设备。因此 A、C、E 选项正确。

25. A、B、C、D。本题考核的是工业管道的组成。管道组成件是用于连接或装配管道的元件，包括管子、管件、法兰、密封件、紧固件、阀门、安全保护装置以及膨胀节、挠性接头、耐压软管、疏水器、过滤器、管路中的节流装置和分离器等。因此 A、B、C、D 选项正确。E 选项属于管道支承件。

26. A、C、E。本题考核的是光伏发电设备组成。光伏发电设备主要由光伏支架、光伏组件、汇流箱、逆变器、电气设备等组成。光伏支架包括跟踪式支架、固定支架和手动可调支架等。因此 A、C、E 选项正确。

27. A、D、E。本题考核的是工业钢结构安装工艺技术。钢结构安装一般有以下几个主要环节：（1）基础验收与处理；（2）钢构件复查；（3）钢结构安装；（4）涂装（防腐涂装和防火涂装）。因此 A、D、E 选项正确。

28. A、B、D、E。本题考核的是建筑管道工程的划分。建筑饮用水供应系统包括管道及配件安装、水处理设备及控制设施安装、防腐、绝热、试验与调试等分项工程。C 选项属于室外给水管网的分项工程。

29. B、C、D、E。本题考核的是室内配线施工技术要求。同一交流回路的导线应穿同一根钢管内。因此 E 选项正确。导线在管内不应有接头，接头应设在接线盒（箱）内。因此 A 选项错误。A 选项应为，导线在管内敷设不应有接头。导线敷设后，应用 500V 兆欧表测试绝缘电阻，线路绝缘电阻不应小于 0.5MΩ。因此 B 选项正确。不同回路、不同电压等级、交流与直流的导线不得穿在同一管内。但电压为 50V 及以下的回路，同一台设备的电动机回路和无干扰要求的控制回路，照明花灯的所有回路，同类照明的几个回路可穿入同一根管内，但管内导线总数不应多于 8 根。因此 C 选项正确。管内导线应采用绝缘导线，A、B、C 相线绝缘层颜色分别为黄、绿、红，保护接地线绝缘层为黄绿双色，中性线绝缘层为淡蓝色。因此 D 选项正确。

30. B、C、D。本题考核的是通风与空调系统的运行和调试要求。E 选项中描述的数值规定“不应大于-5%~+15%”错误，正确的是“不应大于 0~+15%”。A 选项应为，系统总风量调试结果与设计风量的偏差不应大于-5%~+10%。

三、实务操作和案例分析题

（一）

1. B 公司项目部编制的施工作业进度计划被否定原因：照明工程施工和变电所施工没

有先后逻辑关系（可以平行施工）。

优化后的进度计划工期缩短为90d。

2. B公司在编制施工作业进度计划前，应充分了解施工现场（环境）条件、作业面现状、人力资源配备和物资（设备材料）供应状况。

3. 本照明工程有3350个灯具外壳需要与保护导体连接，灯具外壳采用铜芯线与保护导体可靠连接，灯具外壳连接处应有接地标识，铜芯软导线的截面积应与进入灯具的电源线截面积相同。

4. 图中插座接线的不良后果是：如果保护接地线在插座端子处虚接或断开会使故障点之后的插座失去保护接地功能。

正确的插座保护接地线连接示意图如图3所示：

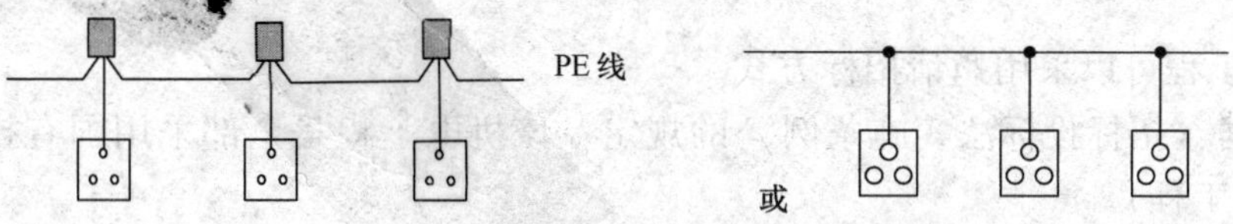

图3　插座保护接地连接示意图

（二）

1. 本工程在绿色施工管理中，对草原土壤保护的要求有：

（1）因施工造成的裸土应及时覆盖；

（2）污水处理设施等不发生堵塞、渗漏、溢出等现象；

（3）对现场地面造成污染应及时清理；

（4）对于有毒有害废弃物交有资质单位处理；

（5）施工后应及时恢复施工活动破坏的植被。

2. 沟底铺设一层细沙后，直埋电缆工程相关工作还有：电缆敷设，电缆覆盖100mm厚细沙，盖混凝土保护板、红砖或警示带，覆土分层夯实，电缆标桩埋设。

3. 事件1中，项目部计量管理员的管理不合格。

项目部专职计量管理员的工作内容包括：

（1）建立现场计量器具台账；

（2）负责现场计量器具周期送检；

（3）现场巡视计量器具完好状态。

4. 在事件2中，项目部的整改：

（1）母线连接处应涂电力复合脂；

（2）母线平置连接的螺栓应由下向上穿；

（3）螺母侧应装有弹簧垫圈或锁紧螺母；

（4）母线连接螺栓的紧固应采用力矩扳手。

（三）

1. A公司不同意B公司与C公司拟签施工专业分包合同妥当。

理由：按照规定，本项目输油管道属于压力管道中的长输管道类别，需要具有GA1甲

(乙)、GA2 资质，而 C 公司只具有的 GB、GC1 压力管道安装许可项目不能满足要求。

2. B 公司项目部制定安全生产责任制不符合规定。

项目经理对本项目安全生产负全面领导责任，是安全生产第一责任人。

项目总工程师对本项目安全生产技术负责。

3. 本项目金属油罐制作安装还存在的危险源有：(1) 临时施工用电；(2) 起重（吊装、运输）作业；(3) 焊缝射线探伤；(4) 不平坦作业场地；(5) 弧光辐射；(6) 高空坠落（坠物）。

4. 自制的样板属于 C 类计量器具。

B 公司在使用自制的样板前，应经过校准，复验确认。

(四)

1. 该机电工程可以采用邀请招标方式。

理由：根据《招标投标法实施条例》的规定，该机电工程是全部采用国有投资的项目(或技术复杂的工程)。

投标保证金的金额要求不符合规定。

理由：《招标投标法实施条例》规定，招标人在招标文件中要求投标人提交投标保证金的，投标保证金不得超过招标项目估算价的 2%。本案例中的该机电工程招标控制价为 2000 万元，因此只需提交 2000×2% = 40 万元的投标保证金。但是在本案例的招标文件中明确要求投标人提交 60 万元投标保证金，因此投标保证金的金额要求不符合规定。

2. 该工程的安全专项施工方案专家论证会应由施工总承包单位组织召开。

论证前需由分包单位和施工总承包单位技术负责人（总工程师）及总监理工程师审核。参加论证会的专家中，符合专业要求的人数应不少于 5 名。

3. 补偿器两侧的空调水立管上应安装固定支架和导向（滑动）支架。

管道系统投入使用前，应将补偿器调整螺杆的螺母松开，使其处于自由（放松、松弛）状态。

4. 建设单位提出的 F1~F7 层商业局部消防验收的申请可以。

建设单位应补充的消防验收资料：

(1) 消防竣工图纸；

(2) 消防设施检测合格证明文件；

(3) 施工单位的合法身份（营业执照）和资质等级证明文件。

2022年版全国二级建造师执业资格考试历年真题+冲刺试卷

机电工程管理与实务

历年真题+冲刺试卷

全国二级建造师执业资格考试历年真题+冲刺试卷编写委员会　编写

中国建筑工业出版社
中国城市出版社

图书在版编目（CIP）数据

机电工程管理与实务历年真题+冲刺试卷／全国二级建造师执业资格考试历年真题+冲刺试卷编写委员会编写 .—北京：中国城市出版社，2021.10

2022年版全国二级建造师执业资格考试历年真题+冲刺试卷

ISBN 978-7-5074-3398-2

Ⅰ.①机… Ⅱ.①全… Ⅲ.①机电工程-工程管理-资格考试-习题集 Ⅳ.①TH-44

中国版本图书馆CIP数据核字（2021）第182866号

责任编辑：李笑然
责任校对：赵　菲

2022年版全国二级建造师执业资格考试历年真题+冲刺试卷

机电工程管理与实务历年真题+冲刺试卷

全国二级建造师执业资格考试历年真题+冲刺试卷编写委员会　编写

*

中国建筑工业出版社、中国城市出版社出版、发行（北京海淀三里河路9号）

各地新华书店、建筑书店经销

北京鸿文瀚海文化传媒有限公司制版

廊坊市海涛印刷有限公司印刷

*

开本：787毫米×1092毫米　1/16　印张：8¾　字数：201千字

2021年11月第一版　2021年11月第一次印刷

定价：**26.00**元

ISBN 978-7-5074-3398-2

（904393）

前 言

众多考生的实践证明，“只看书，不做题”与“只做题，不看书”一样，是考生考试失败的重要原因之一。因此，考生在备考时应注意看书与做题相辅相成，一般应包括教材学习、章节题目练习和考前冲刺三个阶段，其中前两个阶段作为复习的基础阶段，可同步进行。第三个阶段是考生正式参加考试前的冲刺阶段，在此阶段，考生应在规定的时间做一些完整的真题和冲刺试卷，提前适应考试的题型和题量，全面检验自己的学习成果，找出学习的盲点和薄弱内容并在最后阶段进行针对性地弥补，因此，对此阶段应该给予足够的重视。本套丛书即是为满足广大二级建造师考生在考前冲刺阶段复习的需要而编写的。丛书共分7册，分别为：

《建设工程施工管理历年真题+冲刺试卷》

《建设工程法规及相关知识历年真题+冲刺试卷》

《建筑工程管理与实务历年真题+冲刺试卷》

《公路工程管理与实务历年真题+冲刺试卷》

《水利水电工程管理与实务历年真题+冲刺试卷》

《机电工程管理与实务历年真题+冲刺试卷》

《市政公用工程管理与实务历年真题+冲刺试卷》

每册图书均包括本科目2017—2021年五年真题和三套冲刺试卷。真题中的重点题目书中均给出了详细深入的解析，真题可以帮助考生快速适应考试难度，深入领会命题思路和规律。冲刺试卷紧跟近年的命题趋势，涵盖了各科目的考试重点和难点，能帮助考生迅速掌握重要知识，提高实战能力。

为了配合考生的备考复习，我们开通了答疑QQ群：700167122、532603357（加群密码：助考服务），配备了专家答疑团队，以便及时解答考生所提的问题。

希望考生在最后的复习阶段充分利用本书，顺利通过考试！

目　录

全国二级建造师执业资格考试答题方法及评分说明

全国二级建造师执业资格考试设《建设工程施工管理》《建设工程法规及相关知识》两个公共必考科目和《专业工程管理与实务》六个专业选考科目（专业科目包括建筑工程、公路工程、水利水电工程、市政公用工程、矿业工程和机电工程）。

《建设工程施工管理》《建设工程法规及相关知识》两个科目的考试试题为客观题。《专业工程管理与实务》科目的考试试题包括客观题和主观题。

一、客观题答题方法及评分说明

1. 客观题答题方法

客观题题型包括单项选择题和多项选择题。对于单项选择题来说，备选项有4个，选对得分，选错不得分也不扣分，建议考生宁可错选，不可不选。对于多项选择题来说，备选项有5个，在没有把握的情况下，建议考生宁可少选，不可多选。

在答题时，可采取下列方法：

（1）直接法。这是解常规的客观题所采用的方法，就是考生选择认为一定正确的选项。

（2）排除法。如果正确选项不能直接选出，应首先排除明显不全面、不完整或不正确的选项，正确的选项几乎是直接来自于考试教材或者法律法规，其余的干扰选项要靠命题者自己去设计，考生要尽可能多排除一些干扰选项，这样就可以提高选择出正确答案的概率。

（3）比较法。直接把各备选项加以比较，并分析它们之间的不同点，集中考虑正确答案和错误答案关键所在。仔细考虑各个备选项之间的关系。不要盲目选择那些看起来、读起来很有吸引力的错误选项，要去误求正、去伪存真。

（4）推测法。利用上下文推测词义。有些试题要从句子中的结构及语法知识推测入手，配合考生自己平时积累的常识来判断其义，推测出逻辑的条件和结论，以期将正确的选项准确地选出。

2. 客观题评分说明

客观题部分采用机读评卷，必须使用2B铅笔在答题卡上作答，考生在答题时要严格按照要求，在有效区域内作答，超出区域作答无效。每个单项选择题只有1个备选项最符合题意，就是4选1。每个多项选择题有2个或2个以上备选项符合题意，至少有1个错项，就是5选2~4，并且错选本题不得分，少选，所选的每个选项得0.5分。考生在涂卡时应注意答题卡上的选项是横排还是竖排，不要涂错位置。涂卡应清晰、厚实、完整，保持答题卡干净整洁，涂卡时应完整覆盖且不超出涂卡区域。修改答案时要先用橡皮擦将原涂卡处擦干净，再涂新答案，避免在机读评卷时产生干扰。

二、主观题答题方法及评分说明

1. 主观题答题方法

主观题题型是实务操作和案例分析题。实务操作和案例分析题是通过背景资料阐述一个项目在实施过程中所开展的相应工作，根据这些具体的工作提出若干小问题。

实务操作和案例分析题的提问方式及作答方法如下：

（1）补充内容型。一般应按照教材将背景资料中未给出的内容都回答出来。

（2）判断改错型。首先应在背景资料中找出问题并判断是否正确，然后结合教材、相关规范进行改正。需要注意的是，考生在答题时，不能完全按照工作中的实际做法来回答问题，因为根据实际做法作为答题依据得出的答案和标准答案之间可能存在很大差距，即使答了很多，得分也很低。

（3）判断分析型。这类题型不仅要求考生答出分析的结果，还需要通过分析背景资料来找出问题的突破口。需要注意的是，考生在答题时要针对问题作答。

（4）图表表达型。结合工程图及相关资料表回答图中构造名称、资料表中缺项内容。需要注意的是，关键词表述要准确，避免画蛇添足。

（5）分析计算型。充分利用相关公式、图表和考点的内容，计算题目要求的数据或结果。最好能写出关键的计算步骤，并注意计算结果是否有保留小数点的要求。

（6）简单论答型。这类题型主要考查考生记忆能力，一般情节简单、内容覆盖面较小。考生在回答这类型题时要直截了当，有什么答什么，不必展开论述。

（7）综合分析型。这类题型比较复杂，内容往往涉及不同的知识点，要求回答的问题较多，难度很大，也是考生容易失分的地方。要求考生具有一定的理论水平和实际经验，对教材知识点要熟练掌握。

2. 主观题评分说明

主观题部分评分采取网上评分的方法进行，为了防止出现评卷人的评分宽严度差异对不同考生产生的影响，每个评卷人员只评一道题的分数。每份试卷的每道题均由两位评卷人员分别独立评分，如果两人的评分结果相同或很相近（这种情况比例很大）就按两人的平均分为准。如果两人的评分差异较大，超过4~5分（出现这种情况的概率很小），就由评分专家再独立评分一次，然后用专家所评的分数和与专家评分接近的那个分数的平均分数为准。

主观题部分评分标准一般以准确性、完整性、分析步骤、计算过程、关键问题的判别方法、概念原理的运用等为判别核心。标准一般按要点给分，只要答出要点基本含义一般就会给分，不恰当的错误语句和文字一般不扣分。

主观题部分作答时必须使用黑色墨水笔书写作答，不得使用其他颜色的钢笔、铅笔、签字笔和圆珠笔。作答时字迹要工整、版面要清晰。因此书写不能离密封线太近，密封后评卷人不容易看到；书写的字不能太粗、太密、太乱，最好买支极细笔，字体稍微书写大点、工整点，这样看起来工整、清晰，评卷人也愿意多给分。

主观题部分作答应避免答非所问，因此考生在考试时要答对得分点，答出一个得分点就给分，说的不完全一致，也会给分，多答不会给分的，只会按点给分。不明确用到什么规范的情况就用“强制性条文”或者“有关法规”代替，在回答问题时，只要有可能，就在答题的内容前加上这样一句话：根据有关法规或根据强制性条文，通常这些是得分点之一。

主观题部分作答应言简意赅，并多使用背景资料中给出的专业术语。考生在考试时应相信第一感觉，往往很多考生在涂改答案过程中，“把原来对的改成错的”这种情形有很多。在确定完全答对时，就不要展开论述，也不要写多余的话，能用尽量少的文字表达出正确的意思就好，这样评卷人看得舒服，考生自己也能省时间。如果答题时发现错误，不建议使用涂改液进行修改，应用笔画个框圈起来，打个“×”即可，然后再找一块干净的地方重新书写。

2017—2021 年《机电工程管理与实务》真题分值统计

命题点			题型	2017 年	2018 年	2019 年	2020 年	2021 年
2H310000 机电工程施工技术	2H311000 机电工程常用材料及工程设备	2H311010 机电工程常用材料	单项选择题	1	1	1	1	
			多项选择题					2
			实务操作和案例分析题					
		2H311020 机电工程常用工程设备	单项选择题		1	1	1	
			多项选择题					2
			实务操作和案例分析题					
	2H312000 机电工程专业技术	2H312010 机电工程测量技术	单项选择题	1	1	1	1	
			多项选择题				2	2
			实务操作和案例分析题					
		2H312020 机电工程起重技术	单项选择题	1	1			
			多项选择题			2		2
			实务操作和案例分析题		6	4		
		2H312030 机电工程焊接技术	单项选择题	1	1			
			多项选择题			2	2	2
			实务操作和案例分析题				3	
	2H313000 工业机电工程安装技术	2H313010 机械设备安装工程施工技术	单项选择题		1			1
			多项选择题	2		2	2	
			实务操作和案例分析题	4			6	6
		2H313020 电气安装工程施工技术	单项选择题		1			1
			多项选择题	2		2	2	
			实务操作和案例分析题	10	11	10		5
		2H313030 管道工程施工技术	单项选择题		1			1
			多项选择题	2		2	2	
			实务操作和案例分析题				9	
		2H313040 动力和发电设备安装技术	单项选择题	1	1			1
			多项选择题			2	2	
			实务操作和案例分析题					

续表

命题点			题型	2017 年	2018 年	2019 年	2020 年	2021 年
2H310000 机电工程施工技术	2H313000 工业机电工程安装技术	2H313050 静置设备及金属结构的制作与安装技术	单项选择题	1	1			1
			多项选择题			2	2	
			实务操作和案例分析题		5			
		2H313060 自动化仪表工程安装技术	单项选择题	1	1	1	1	1
			多项选择题					
			实务操作和案例分析题		4			5
		2H313070 防腐蚀与绝热工程施工技术	单项选择题	1	1	1		1
			多项选择题					
			实务操作和案例分析题		6			2
		2H313080 炉窑砌筑工程施工技术	单项选择题	1	1			
			多项选择题					
			实务操作和案例分析题					
	2H314000 建筑机电工程施工技术	2H314010 建筑管道工程施工技术	单项选择题	1				1
			多项选择题		2	2	2	
			实务操作和案例分析题			4		3
		2H314020 建筑电气工程施工技术	单项选择题					1
			多项选择题	2	2	2	2	
			实务操作和案例分析题	5		12	10	
		2H314030 通风与空调工程施工技术	单项选择题					1
			多项选择题	2	2	2	2	
			实务操作和案例分析题	10	9		17	6
		2H314040 建筑智能化工程施工技术	单项选择题			1	1	1
			多项选择题	2	2			
			实务操作和案例分析题					
		2H314050 消防工程施工技术	单项选择题	1	1	1	1	1
			多项选择题					
			实务操作和案例分析题	12		6		4
		2H314060 电梯工程施工技术	单项选择题	1	1	1	1	1
			多项选择题					
			实务操作和案例分析题					

续表

命题点		题型	2017 年	2018 年	2019 年	2020 年	2021 年
2H320000 机电工程项目施工管理	2H320010 机电工程施工招标投标管理	单项选择题	1				1
		多项选择题					
		实务操作和案例分析题	8		6		10
	2H320020 机电工程施工合同管理	单项选择题	1				1
		多项选择题		2			
		实务操作和案例分析题					
	2H320030 机电工程施工组织设计	单项选择题					1
		多项选择题	2	2			
		实务操作和案例分析题	4			4	5
	2H320040 机电工程施工资源管理	单项选择题					1
		多项选择题	2	2			
		实务操作和案例分析题				5	
	2H320050 机电工程施工技术管理	单项选择题			1	1	1
		多项选择题	2				
		实务操作和案例分析题	6	5		3	4
	2H320060 机电工程施工进度管理	单项选择题			1	1	
		多项选择题					
		实务操作和案例分析题		10	8	6	5
	2H320070 机电工程施工质量管理	单项选择题			1	1	
		多项选择题					
		实务操作和案例分析题	9	8		11	
	2H320080 机电工程施工安全管理	单项选择题			1	2	
		多项选择题					
		实务操作和案例分析题	6	6	11		
	2H320090 机电工程施工现场管理	单项选择题			1	1	1
		多项选择题	2	2			
		实务操作和案例分析题		6	5		10
	2H320100 机电工程施工成本管理	单项选择题	1		1	1	
		多项选择题		2			
		实务操作和案例分析题	6				

续表

命题点			题型	2017 年	2018 年	2019 年	2020 年	2021 年
2H320000 机电工程项目施工管理		2H320110 机电工程项目试运行管理	单项选择题			1	1	
			多项选择题					
			实务操作和案例分析题					4
		2H320120 机电工程施工结算与竣工验收	单项选择题	1				1
			多项选择题		2			
			实务操作和案例分析题					6
		2H320130 机电工程保修与回访	单项选择题					
			多项选择题					
			实务操作和案例分析题					
2H330000 机电工程项目施工相关法规与标准	2H331000 机电工程项目施工相关法律规定	2H331010 计量的相关规定	单项选择题	1	1	1	1	
			多项选择题					2
			实务操作和案例分析题			10		
		2H331020 建设用电及施工的相关规定	单项选择题		1	1	1	
			多项选择题					2
			实务操作和案例分析题					
		2H331030 特种设备的相关规定	单项选择题	1	1	1	1	
			多项选择题					2
			实务操作和案例分析题			4	6	
	2H332000 机电工程项目施工相关标准	2H332010 工业安装工程施工质量验收统一要求	单项选择题	1	1	1	1	
			多项选择题					2
			实务操作和案例分析题					5
		2H332020 建筑安装工程施工质量验收统一要求	单项选择题	1	1	1	1	
			多项选择题					2
			实务操作和案例分析题		4			
	2H333000 二级建造师（机电工程）注册执业管理规定及相关要求		单项选择题					
			多项选择题					
			实务操作和案例分析题					
合计			单项选择题	20	20	20	20	20
			多项选择题	20	20	20	20	20
			实务操作和案例分析题	80	80	80	80	80

* 自 2019 年起实务考卷中将“案例分析题”改为“实务操作和案例分析题”，为便于描述，本表中统称“实务操作和案例分析题”。在后续历年真题中将予以区分。

2018年度全国二级建造师执业资格考试

《机电工程管理与实务》

真题及解析

2018年度《机电工程管理与实务》真题

一、单项选择题（共20题，每题1分。每题的备选项中，只有1个最符合题意）

1. 下列有色金属材料中，不属于铜合金的是（　　）。

A. 紫铜　　B. 青铜

C. 黄铜　　D. 白铜

2. 用于完成介质间热量交换的换热设备是（　　）。

A. 分离器　　B. 反应器

C. 冷凝器　　D. 分解锅

3. 工程测量的核心是（　　）。

A. 测量精度　　B. 设计要求

C. 减少误差累积　　D. 检核

4. 吊装作业若采取同类型、同规格起重机双机抬吊时，单机载荷最大不得超过额定起重量的（　　）。

A. 75%　　B. 80%

C. 85%　　D. 90%

5. 下列试验中，不属于焊后致密性试验的是（　　）。

A. 氨气试验　　B. 煤油试漏

C. 液压强度试验　　D. 真空箱试验

6. 现场组装的大型设备，各运动部件之间的相对运动精度不包括（　　）。

A. 直线运动精度　　B. 圆周运动精度

C. 传动精度　　D. 配合精度

7. 电力架空线路需在横担固定处加装软垫的是（　　）。

A. 转角杆横担　　B. 全瓷式瓷横担

C. 终端杆横担　　D. 耐张杆横担

8. 下列管道试验中，可结合试车一并进行的是（　　）。

A. 真空试验　　B. 通球试验

C. 泄漏性试验　　D. 压力试验

9. 锅炉系统安装程序中，水冷壁安装的紧前工序是（　　）。

A. 钢架组合安装　　B. 集箱安装

C. 汽包安装　　D. 省煤器安装

10. 下列关于储罐充水试验规定的说法，错误的是（　　）。

A. 充水试验采用洁净水　　B. 试验水温不低于5℃

C. 充水试验的同时进行基础沉降观测　　D. 放水过程中应关闭透光孔

11. 自动化仪表工程须连续投入运行（　　），运行正常后方具备交接验收条件。

A. 24h　　B. 36h

C. 48h　　　　　　　　　　D. 72h

12. 下列关于静置设备的金属保护层施工要求的说法，正确的是（　　）。

A. 金属保护层应自上而下敷设　　　　B. 环向接缝宜采用咬接

C. 纵向接缝宜采用插接　　　　D. 搭接或插接尺寸应为 30~50mm

13. 下列关于耐火喷涂料施工技术要求的说法，错误的是（　　）。

A. 喷涂方向与受喷面成 60°~75°夹角　　　　B. 喷涂应分段连续进行

C. 喷涂料应采用半干法喷涂　　　　D. 施工中断时，宜将接槎处做成直槎

14. 按照国家工程建设消防技术标准的规定，建设单位在验收后应当报消防部门备案的工程是（　　）。

A. 建筑总面积 10000m^2 的广播电视楼

B. 建筑总面积 800m^2 的中学教学楼

C. 建筑总面积 550m^2 的卡拉 OK 厅

D. 建筑总面积 20000m^2 的客运车站候车室

15. 自动人行道自动停止运行时，开关断开的动作不用通过安全触点或安全电器来完成的是（　　）。

A. 过载　　　　B. 踏板下陷

C. 扶手带入口保护装置动作　　　　D. 附加制动器动作

16. 按施工计量器具使用的管理规定，不属于企事业单位计量标准器具使用必备条件的是（　　）。

A. 取得 ISO 9000 体系认证　　　　B. 具有正常工作所需要的环境条件

C. 具有称职的保存、维护、使用人员　　　　D. 经计量检定合格

17. 临时用电施工组织设计的主要内容不包括（　　）。

A. 确定电源电线的位置及线路走向　　　　B. 绘制施工机械平面布置图

C. 制定电气防火措施　　　　D. 进行负荷计算

18. 下列施工内容中，不属于特种设备监督检验范围的是（　　）。

A. 电梯安装　　　　B. 起重机械安装

C. 压力管道安装　　　　D. 锅炉风道改造

19. 工业安装分部工程的质量验收应由（　　）负责组织。

A. 建设单位项目负责人　　　　B. 建设单位专业技术负责人

C. 监理工程师　　　　D. 施工单位项目负责人

20. 按建筑安装工程验收项目的划分，监测与控制仪表子分部属于（　　）分部工程。

A. 建筑电气　　　　B. 通风与空调

C. 建筑给水排水及供暖　　　　D. 智能建筑

二、多项选择题（共 10 题，每题 2 分。每题的备选项中，有 2 个或 2 个以上符合题意，至少有 1 个错项。错选，本题不得分；少选，所选的每个选项得 0.5 分）

21. 高层建筑排水管道按设计要求应设置（　　）。

A. 阻火圈　　　　B. 防火套管

C. 防雷装置　　　　D. 伸缩节

E. 补偿器

22. 当不允许在钢结构上做接地线焊接时，一般采用（　　）做接地线跨接。

A. 扁钢　　B. 圆钢

C. 铜排　　D. 铜杆

E. 两端焊（压）铜接头的导线

23. 下列洁净空调系统金属风管必须涂密封胶的位置有（　　）。

A. 法兰焊接处　　B. 咬口缝

C. 翻边处　　D. 焊接缝

E. 铆钉处

24. 下列关于建筑智能化工程系统检测的说法，正确的有（　　）。

A. 施工单位应组织项目检测小组

B. 项目检测小组应指定检测负责人

C. 检测前应提交试运行记录

D. 检测的一般项目有一项不合格，系统检测结论为不合格

E. 被集成系统接口检测不合格，集成系统的检测结果也为不合格

25. 工程项目索赔发生的原因中，属于不可抗力因素的有（　　）。

A. 台风　　B. 物价变化

C. 地震　　D. 洪水

E. 战争

26. 比较各施工方案技术的先进性，应包括的内容有（　　）。

A. 技术水平　　B. 技术创新程度

C. 技术效率　　D. 实施的安全性

E. 实施的地域性

27. 国家安全生产监督机构规定的特种作业人员有（　　）。

A. 焊工　　B. 司炉工

C. 电工　　D. 水处理工

E. 起重工

28. 下列场容管理措施中，不符合要求的有（　　）。

A. 施工现场围挡的高度 1.5m

B. 施工现场场地平整，有排水措施

C. 施工地点和周围清洁整齐，做到随时清理，工完场清

D. 严禁损坏污染成品、堵塞通道

E. 在下风口设置紧急出口

29. 降低项目施工成本的组织措施有（　　）。

A. 将成本责任分解到各岗位　　B. 选择最佳施工方案

C. 确定合理的工作流程　　D. 制定资金使用计划

E. 采取必要的风险对策

30. 下列竣工技术资料中，属于施工记录资料的有（　　）。

A. 竣工图　　B. 图纸会审记录

C. 质量事故处理报告及记录　　D. 隐蔽工程验收记录

E. 单位工程质量验收记录

三、案例分析题（共4题，每题20分）

（一）

背景资料：

A安装公司承包某通风空调工程的施工，合同约定：冷水机组、冷却塔、水泵和风机盘管等设备由建设单位采购，其他材料及配件由A安装公司采购，工程质量达到通风空调工程施工质量验收规范要求。

A安装公司进场后，因建设单位采购的设备晚于风管制作安装的开工时间，A安装公司及时联络空调设备供应商，了解设备的各类参数及到场时间并与B建筑公司协调交叉配合施工的时间与节点，编制了施工进度计划（见表1），并根据施工进度计划，制定了能体现合理施工顺序的作业进度计划。为保证安装质量，A安装公司将冷水机组找正等施工工序设置为质量控制点。

在风管系统安装过程中，A安装公司在设备安装前重点检查了静压消声装置的质量。

在冷水机组和其他设备单机试运转全部合格后，进行了通风与空调系统无生产负荷下的联合试运行，对系统进行了风量、空调水系统、室内空气参数及防排烟系统的测定和调试。

空调工程施工进度计划 表1

时间 施工内容	3月			4月			5月			6月		
	1	11	21	1	11	21	1	11	21	1	11	21
施工准备	━━											
机房设备安装				━━	━━	━━	━━					
空调风管制作安装		━━	━━	━━	━━	━━	━━	━━	━━			
空调水管制作安装			━━	━━	━━	━━	━━	━━	━━			
楼层风机盘管安装					━━	━━	━━	━━	━━			
单机试运转调试										━━		
联合运转调试											━━	

问题：

1. 进度计划中空调机房设备安装开始时间晚于水管制作安装多少天？制定作业进度计划时，怎样体现施工基本顺序要求的合理性？

2. 按照质量控制点分级要求，冷水机组找正应属于哪级控制点？应由哪几方质检人员共同检查确认并签证？

3. 风管系统的静压消声装置由哪几部分组成？

4. 在通风空调系统无生产负荷的联合试运行及调试中，通风系统的连续运行时间和空调系统带冷（热）源的连续运行时间分别为多少？防排烟系统应测定哪些内容？

（二）

背景资料：

某安装公司中标了 10 台 5000m^3 拱顶罐安装工程，项目部建立了质量和安全保证体系，组织编制了相应的职业健康安全应急预案，与相关单位完成了设计交底和图纸会审。项目部编制了施工方案，储罐采用倒装法施工。

储罐罐体的防腐涂料按产品说明书要求需进行三道涂装，防腐涂料施工时，施工作业人员连续对储罐罐体进行了三道喷涂，项目质量检查员发现后，要求作业人员立刻停工整改。

罐内施工照明采用 36V 电压，行灯电源线采用塑料软线，罐内施工人员时常有头晕现象，项目安全员发现后，要求施工班组立刻停工整改。

储罐施工过程中，项目部对罐体质量控制实施了“三检制”，并对储罐罐壁几何尺寸进行了检查，检查内容包括罐壁高度偏差、罐壁垂直度偏差和罐壁焊缝棱角度，检查结果符合标准规范的要求。

问题：

1. 说明施工作业人员防腐涂料涂装的正确做法。
2. 针对项目安全员的要求，施工班组应进行哪些整改？
3. 说明“三检制”的内容。
4. 储罐罐壁几何尺寸的检查还需补充什么内容？说明现场储罐罐壁几何尺寸检查的方法。

（三）

背景资料：

某施工单位承建一项建筑机电工程，施工单位组建项目部具体实施；项目部电气施工班组负责建筑电气和智能化分部工程的施工。

施工前，电气工长根据施工图编制了“电缆需用计划”“电缆用量统计表”，作为施工图预算、成本分析和材料采购的依据；电缆盘运到现场并具备敷设条件后，电工班组按照“电缆需用计划”组织实施了电缆敷设及电缆接头制作。

施工中，建设单位增加几台小功率排污泵，向项目部下达施工指令，项目部以无设计变更为由拒绝执行。

在电缆敷设后的检查中，动力照明电缆和智能化电缆分层独立桥架敷设，发现两种电缆桥架内，都有中间接头，并列电缆的中间接头位置相同。

电气施工班组按照电缆敷设的施工程序完工并经检查合格后，在各回路电缆装设标志牌，进行了质量验收。

问题：

1. 电工班组按照“电缆需用计划”实施电缆敷设的做法是否正确？合理减少电缆接头的措施有哪些？

2. 建设单位增加排污泵项目部拒绝执行是否正确？指出设计变更的程序。

3. 指出电缆中间接头位置有哪些错误，如何整改？

4. 电缆敷设分项工程质量验收合格的规定有哪些？

（四）

背景资料：

建设单位通过招标与施工单位签订了某工业项目的施工合同，主要工作内容包括设备基础、钢架基础、设备钢架制作安装、工艺设备、工艺管道、电气和仪表设备安装等。开工前施工单位按照合同约定向建设单位提交了施工进度计划（如图1所示，单位：d）。

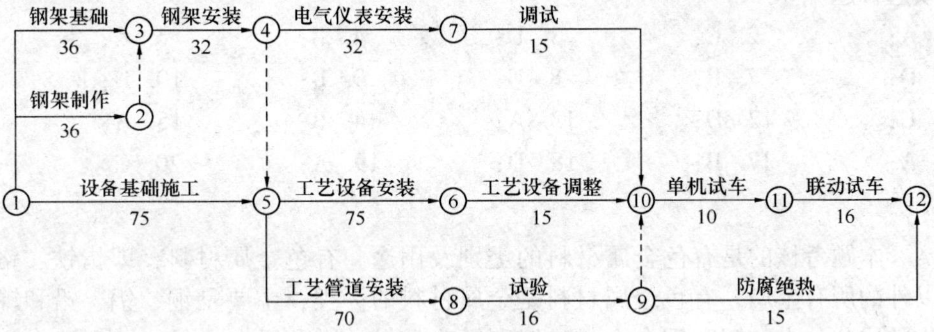

图1　施工进度计划

施工单位在组织土方开挖、余土外运时，开挖现场、厂外临时堆土及运输道路上经常是尘土飞扬，运送土方的汽车也存在漏土现象。

在使用250t履带吊进行大型工艺设备吊装作业时，250t履带吊的车身突然发生倾斜，起重指挥人员立即停止了吊装作业，经检查发现履带吊的右侧履带前部的地面出现了下陷，施工单位立即组织人员进行了妥善处理。

在蒸汽主管道上安装流量取源部件时，施工单位发现图纸所示的安装位置的直管段长度不符合设计要求，立即通知了建设单位，建设单位通过设计变更修改了流量取源部件的安装位置，使该部件的安装工作顺利进行。

问题：

1. 用节点代号表示施工进度计划的关键线路。该施工进度计划的总工期是多少？
2. 在土方开挖施工过程中，需要采取哪些环境保护措施？
3. 250t履带吊进行大型工艺设备吊装作业时，吊车的工作位置地面有哪些要求？
4. 安装流量取源部件的管道直管段应符合哪些要求？

2018 年度真题参考答案及解析

一、单项选择题

1. A;	2. C;	3. D;	4. B;	5. C;
6. D;	7. B;	8. C;	9. B;	10. D;
11. C;	12. D;	13. A;	14. B;	15. A;
16. A;	17. B;	18. D;	19. A;	20. C。

【解析】

1. A。本题考核的是有色金属材料的类别及用途。有色金属材料，即指铁、铬、锰三种金属以外的所有金属。有色金属材料是金属材料的一类，主要是铜、铝、铅和镍等。有色材按化学成分分类：铜和铜合金材、铝和铝合金材、铅和铅合金材、镍和镍合金材、钛和钛合金材。紫铜就是含铜量最高的铜，因为颜色紫红又称紫铜，主成分为铜加银，含量为 99.5%~99.95%；主要杂质元素：磷、铋、锑、砷、铁、镍、铅、锡、硫、锌、氧等；用于制作导电器材、高级铜合金、铜基合金。B、C、D 选项属于铜合金。因此，本题选择 A 选项。此知识点已删除。

2. C。本题考核的是石油化工设备中的换热设备的类型及应用。石油化工设备中的换热设备是用于完成介质间热量交换的设备。题目中，分离器属于石油化工设备中的分离设备，反应器、分解锅属于石油化工设备中的反应设备。因此 A、B、D 选项排除，正确答案是 C 选项。

3. D。本题考核的是机电工程测量的要求。工程测量是一个灵魂性的工作，主要是体现在核验上，在工程测量中的精度能不能保证，完全要靠核验这个工作来保证工程测量中实测数据与工程测量竣工图精度的准确性。因此 D 选项正确。

4. B。本题考核的是流动式起重机的使用要求。本题的吊装作业中，采用同类型的、同规格的起重机进行双机抬吊时，起重设备应进行合理的负荷分配，单机载荷最大不得超过额定起重量的 80%。此知识点已删除。

5. C。本题考核的是焊后致密性试验。液压强度试验的试验介质是水，该试验是用来检查强度的试验。焊后致密性试验类别包括液体盛装试漏、气密性试验、氨气试验、煤油试漏、氦气试验、真空箱试验。因此 A、B、D 选项正确。此知识点已删除。

6. D。本题考核的是影响设备安装精度的因素。在对本题进行解答时，一看就知道本题属于考查细节性的题目，考生只要仔细看书了，答出不属于各运动部件之间的相对运动精度类型很容易。解体设备的装配精度包括：相对运动精度、配合精度和接触质量。D 选项配合精度指的是两个部件之间的相互配合关系，不属于相对运动精度。A 选项直线运动精度、B 选项圆周运动精度、C 选项传动精度等都是属于相对运动精度。

7. B。本题考核的是电力架空线路的材料要求。在本题中，在横担固定处加装软垫的作用是起到一个缓冲的作用，全瓷式瓷横担硬度很好，但是其质地脆而易碎（瓷横担螺栓孔处由于强度减弱，应力集中，易碎、易裂、易断），在这个地方加软垫能起到保护作用，因此 B 选项正确。

8. C。本题考核的是管道系统泄漏性试验的试验要求。泄漏性试验是在压力试验之后进行的，泄漏性试验的试验压力等于设计压力，同时泄漏性试验可结合试车一并进行。

9. B。本题考核的是锅炉系统安装程序。关于××施工程序这类采分点的考核，有三种情形：（1）在题目中会告知××工程施工程序中的一个工序，会让选择紧前工序是什么？（2）在题目中会告知××工程施工程序中的一个工序，会让选择紧后工序什么？（3）在题目中问下列哪些工序是属于××施工程序，或者××施工程序不包括或不属于××施工程序。因此考生在回答这类问题时，重点在于审题，问的是紧前工序还是紧后工序，这样就很一目了然地知道答案是什么了。本题中，需要回答的是水冷壁安装的紧前工序，那么答案就是集箱（联箱）安装；如果要考生回答紧后工序，那么答案就是空气预热器安装。

10. D。本题考核的是储罐的充水试验要求。“下列关于……的说法，正确或错误的是（　）”是一个比较常见的考核形式，考生在遇见这类型的题目时，也是先需要审题，看题目中问的是正确的是还是错误的是，然后再根据题意选出符合的选项，切莫审题只审一半，这是在考试中最不能出现的事情，如果题意都没审明白，就开始做题，本来能得分的也都不能得分了，要一看二品三思考，这样才能做到事半功倍。解答本题时，先审题，要求回答的是错误的说法，切莫选正确的说法，因此要一个一个选项地去判断。A 选项中，充水试验本来采用的试验介质就是洁净水，因此 A 选项正确。充水试验中对温度的要求是不低于 5℃，这是硬性规定，如果低于 5℃就应采取保温措施，因此 B 选项也是正确的。在做充水试验的时候，也应进行基础沉降的观测，因此 C 选项正确。在进行充水试验的过程中，充水、放水过程中，透光孔应该是打开的（因为这样能平衡内外的压强，能够让水很好地流出），且基础不得浸水，因此 D 选项错误。因此，在本题中，符合要求的是 D 选项。

11. C。本题考核的是自动化仪表安装施工中的交接验收要求。对于本题来说，也是属于挖空式的选择题，对于挖空式的选择题所涉及的内容，就是需要考生进行重点记忆的内容。自动化仪表中的交接验收要求中，连续投入运行 48h 进行交接验收，这个数值“48h”在 2012 年 10 月份进行了考核，在 2018 年考试中又考了一次，因此考生要注意重点记忆。

对投入运行时间的数据进行一个总结：包括 2h、8h、24h、48h 这几个数据。其中，2h 是通风与空调系统中的通风系统的连续试运行时间；8h 是空调系统带冷（热）源的连续试运行时间；24h 是进行真空度试验的时间；48h 是自动化仪表连续投入运行的时间。考生要区别进行记忆。

12. D。本题考核的是静置设备的金属保护层施工要求。回答本题的关键是选择正确的说法，因此 4 个选项中有 3 个是错误的。本题 A 选项中，错误之处在“自上而下”，绝热层的金属保护层正确的敷设程序应是自下而上进行。B 选项中，环向接缝不应采用咬接，应采用搭接或插接。C 选项中，纵向接缝不应采用插接，应采用咬接或搭接。在本题中，B 选项的说法跟 C 选项的说法正好说反了，因此 B、C 选项错误。D 选项，搭接或插接的尺寸正确，要求是在 30~50mm。

13. A。本题考核的是耐火喷涂料施工的主要技术要求。题目中要求的是选择错误的说法，4 个选项中只有 1 个是错误的，考生要仔细审题。A 选项中，耐火喷涂料的喷涂方向与受喷面成 60°~75°夹角是错误的，正确是其喷涂方向与受喷面是垂直的关系，因此 A 选项错误。B、C、D 选项的说法是正确的，就不再进行阐述了。

14. B。本题考核的是消防工程验收的相关规定。具有下列情形之一的场所，建设单位应当向消防机构申请消防设计审核，并在建设工程竣工后向出具消防设计审核意见的消防机构申请消防验收：（1）建筑总面积大于 15000m^2 的民用机场航站楼、客运车站候车室、客运码头候船厅。（2）建筑总面积大于 1000m^2 的托儿所、幼儿园的儿童用房，儿童游乐厅等室内儿童活动场所，养老院、福利院，医院、疗养院的病房楼，中小学校的教学楼、图书馆、食堂，学校的集体宿舍，劳动密集型企业的员工集体宿舍。（3）建筑总面积大于 500m^2 的歌舞厅、录像厅、放映厅、卡拉 OK 厅、夜总会、游艺厅、桑拿浴室、网吧、酒吧，具有娱乐功能的餐馆、茶馆、咖啡厅。（4）国家机关办公楼、电力调度楼、电信楼、邮政楼、防灾指挥调度楼、广播电视楼、档案楼。因此 A、C、D 选项应进行消防设计审核。正确选项为 B 选项。

15. A。本题考核的是自动人行道安装工程质量验收要求。自动人行道整机安装验收要求中，自动人行道自动停止运行时，开关断开的动作用通过安全触点或安全电器来完成的情形包括 8 种，情形较多，不好记忆，那么考生只要记住开关断开动作不用通过安全触点或安全电器来完成的 3 种情形，即无控制电压、电路接地的故障、过载。本题中用排除法来做，直接选择 A 选项。

16. A。本题考核的是施工计量器具使用的管理规定。不是任何一家企事业单位都需要进行 ISO 9000 体系认证，因此 A 选项不属于企事业单位计量标准器具使用必备条件。B、C、D 选项都是企事业单位计量标准器具使用必备条件。

17. B。本题考核的是临时用电施工组织设计的主要内容。本题考查的是临时用电施工组织设计，是与用电有关的内容，下面选项中 B 选项说的是绘制施工机械平面布置图，与用电没有直接关系，不考虑 B 选项的内容，有图的话应该是绘制电气平面图、立面图和系统图，因此临时用电施工组织设计不包括 B 选项。A、C、D 选项都属于临时用电施工组织设计的主要内容。

18. D。本题考核的是特种设备监督检查范围。《特种设备安全监察条例（2009 修订）》第二条规定，特种设备是指涉及生命安全、危险性较大的锅炉、压力容器（含气瓶）、压力管道、电梯、起重机械、客运索道、大型游乐设施和场（厂）内专用机动车辆。第二十一条规定，锅炉、压力容器、压力管道元件、起重机械、大型游乐设施的制造过程和锅炉、压力容器、电梯、起重机械、客运索道、大型游乐设施的安装、改造、重大维修过程，必须经国务院特种设备安全监督管理部门核准的检验检测机构按照安全技术规范的要求进行监督检验；未经监督检验合格的不得出厂或者交付使用。D 选项中，锅炉风道是炉窑砌筑工程，用砖砌筑的一部分，因此不属于设备的一个种类，因此 D 选项不属于特种设备监督检查范围。

19. A。本题考核的是工业安装分部工程质量验收组织。本题属于硬性规定的内容，考核较为简单，考生记住即可得分。工业安装分部工程应在各分项工程验收合格的基础上，由施工单位向建设单位提出报验申请，由建设单位项目负责人（总监理工程师）组织施工单位和监理、设计等有关单位项目负责人及技术负责人进行验收。本题的质量验收可以由建设单位项目负责人、总监理工程师负责组织，因此 A 选项正确。工业安装分项工程质量验收组织人是建设单位专业技术负责人、监理工程师。一般来说，施工单位项目负责人在工业安装分项、分部、单位工程的质量验收中都是被组织对象。

20. C。本题考核的是建筑安装工程验收项目的划分。根据《建筑工程施工质量验收统一标准》GB 50300—2013 附录 B，建筑给水排水及供暖工程按专业系统划分为室内给水系统、室内排水系统、室内热水系统、卫生器具、室内供暖系统、室外给水管网、室外排水管网、室外供热管网、建筑饮用水供应系统、建筑中水系统及雨水利用系统、游泳池及公共浴池水系统、水景喷泉系统、热源及辅助设备、监测与控制仪表共14个子分部工程。本题中，考生在审题时，看到题干中“监测与控制仪表”这几个字会下意识地去选择D选项智能建筑，因为智能建筑中很多涉及监测与仪表控制的仪器，也有可能会选B选项通风与空调，这道题考核的是比较细节性的内容，因此考生在对这部分内容进行复习时，细节性的东西考生也要注重，因为在以后的考试中，会越来越注重对于细节性内容的考核。

二、多项选择题

21. A、B、C、D；　22. A、E；　23. B、C、E；
24. B、C、E；　25. A、C、D、E；　26. A、B、C、D；
27. A、C、E；　28. A、E；　29. A、C；
30. B、C、D。

【解析】

21. A、B、C、D。本题考核的是高层建筑管道施工中排水管道安装要求。一般来说，建筑的排水管道会穿越墙体，在穿越墙体时应有防火设施，因此应当设置防火圈、防火套管，因此A、B选项正确。排水管道也包括塑料管，因此还必须按照设计要求及位置设置伸缩节、防雷装置。《建筑给水排水及采暖工程施工质量验收规范》GB 50242—2002中第5.2.4条规定，排水塑料管必须按设计要求及位置装设伸缩节。如设计无要求时，伸缩节间距不得大于4m。高层建筑中明设排水塑料管道应按设计要求设置阻火圈或防火套管。检验方法：观察检查。

22. A、E。本题考核的是接地干线的施工技术要求。在钢结构上，当不允许做接地线焊接时，一般采用扁钢（放两个扁钢，然后进行跨接）、两端焊/压铜接头的导线（因铜接头的导线的电阻较小，能够很好地来进行跨接电的疏导）做接地线跨接，跨接线要有150mm的伸缩量。因此A、E选项较符合题意。

23. B、C、E。本题考核的是洁净空调系统风管制作的技术要点。题干中，要求选择的是必须涂密封胶的位置，因为这一部分可能会有缝隙才会要求涂密封胶，因此根据题目中所给选项进行判断。焊接缝是较致密的，一般进行致密性检验，因此不须涂密封胶。法兰焊接处是焊接形式，那么焊接缝也是致密的，因此不须涂密封胶。咬口缝、翻边处、铆钉处一般属于机械开孔，或是采用机械连接，会产生缝隙，因此须涂密封胶。正确选项为B、C、E选项，A、D选项排除。

24. B、C、E。本题考核的是建筑智能化工程系统检测。《智能建筑工程质量验收规范》GB 50339—2013规定：

3.3.2　系统检测前应提交下列资料：（1）工程技术文件；（2）设备材料进场检验记录和设备开箱检验记录；（3）自检记录；（4）分项工程质量验收记录；（5）试运行记录。因此C选项说法正确。

3.3.3　系统检测的组织应符合下列规定：（1）建设单位应组织项目检测小组；（2）项目检测小组应指定检测负责人；（3）公共机构的项目检测小组应由有资质的检测单位组成。因此A选项说法错误，错在组织人员；B选项说法正确。

3.3.5　系统检测应符合下列规定：检测结论与处理应符合下列规定：（1）检测结论应

分为合格和不合格；（2）主控项目有一项及以上不合格的，系统检测结论应为不合格；一般项目有两项及以上不合格的，系统检测结论应为不合格；（3）被集成系统接口检测不合格的，被集成系统和集成系统的系统检测结论均应为不合格；（4）系统检测不合格时，应限期对不合格项进行整改，并重新检测，直至检测合格。重新检测时抽检应扩大范围。因此 D 选项错误，错在“一项”二字。因此 E 选项正确。

25. A、C、D、E。本题考核的是机电工程项目索赔发生的原因。本题考核程度较为简单，造成工程项目索赔的不可抗力的因素包括 A、C、D、E 选项。其中物价变化有时是可以预测的，属于工程环境变化因素，不属于不可抗力因素。

26. A、B、C、D。本题考核的是机电工程施工方案的技术经济比较。机电工程施工方案的技术经济比较包括三方面的内容：技术先进性、经济合理性、重要性比较。其中，技术先进性比较的内容包括：技术水平、技术创新程度、技术效率、实施安全性，因此 A、B、C、D 选项正确。E 选项错在“地域性”三个字，正确的是“安全性”。

27. A、C、E。本题考核的是国家安全生产监督机构规定的特种作业人员。根据《特种作业人员安全技术培训考核管理规定（2015 年修正）》（安监总局令第 30 号）第三条规定，特种作业，是指容易发生事故，对操作者本人、他人的安全健康及设备、设施的安全可能造成重大危害的作业。特种作业的范围由特种作业目录规定。特种作业人员，是指直接从事特种作业的从业人员。本题选项中 A、C、E 选项属于国家安全生产监督机构规定的特种作业人员。

根据《特种设备作业人员监督管理办法》（国家质量监督检验检疫总局令第 140 号），第二条规定，锅炉、压力容器（含气瓶）、压力管道、电梯、起重机械、客运索道、大型游乐设施、场（厂）内机动车辆等特种设备的作业人员及其相关管理人员统称特种设备作业人员。特种设备作业人员作业种类与项目目录见本办法附件。从事特种设备作业的人员应当按照本办法的规定，经考核合格取得《特种设备作业人员证》，方可从事相应的作业或者管理工作。本题选项中 B、D 选项属于国家质量监督机构规定的特种设备作业人员。

28. A、E。本题考核的是场容管理措施。A 选项中的现场围挡高度错误，正确的应为“不低于为 1.8m”；E 选项中，错在“下风口”三字，正确的是“上风口”。其余选项均符合要求。

29. A、C。本题考核的是降低项目施工成本的组织措施。A、C 选项属于降低项目施工成本的组织措施；B 选项属于降低项目施工成本的技术措施；D 选项属于降低项目施工成本的经济措施；E 选项属于降低项目施工成本的合同措施。

30. B、C、D。本题考核的是竣工工程技术资料。竣工图、单位工程质量验收记录属于施工完成之后形成的资料。因此排除 A、E 选项之后，剩下的就是正确的。因此本题正确选项是 B、C、D。

三、案例分析题

（一）

1. 进度计划中空调机房设备安装开始时间晚于水管制作安装时间 11d。

制定作业进度计划时，施工基本顺序要求的合理性：满足工艺流程要求，各作业（工序）合理搭接，施工资源不闲置，能保证工期（质量、安全）。

2. 按照质量控制点分级要求，冷水机组找正属于A级控制点。由施工、监理、业主三方质检人员共同检查确认并签证。

3. 风管系统的静压消声装置的组成部分包括：静压箱、消声器、消声风管、消声弯头等部分组成。

4. 在通风空调系统无生产负荷的联合试运行及调试中，通风系统连续试运行应不少于2h，空调系统带冷（热）源的连续试运行应不少于8h。

防排烟系统测定的内容有：风量、风压及疏散楼梯间的静压差等内容。

（二）

1. 施工作业人员防腐涂料涂装的正确做法：在进行三道涂装时，每道涂装之间要有产品说明书要求的时间间隔，在下道涂装前应进行固化度检查，在前一道涂层达到干燥要求后进行下一道涂装。

2. 针对项目安全员的要求，施工班组应进行如下整改：

（1）储罐内必须采取空气流通措施。

（2）罐内照明应使用12V安全电压。

（3）行灯电源线应采用绝缘护套线（或电缆）。

3. “三检制”的内容：是指操作人员的“自检”“互检”和专职质量管理人员的“专检”相结合的检验制度。

4. 储罐罐壁几何尺寸的检查还需补充罐壁的局部凹凸变形和底圈壁板内表面半径偏差等内容。

现场储罐罐壁几何尺寸检查的方法：实测法。

（三）

1. 电工班组按照“电缆需用计划”实施电缆敷设的做法错误。

合理减少电缆接头的措施：电缆敷设前应按实际敷设路径计算每根电缆的长度，订货时合理安排每盘电缆长度，先敷设长电缆，后敷设短电缆。

2. 建设单位增加排污泵项目部拒绝执行行为正确。

设计变更的程序：建设单位向设计单位提出设计变更，设计单位进行设计变更，设计变更由设计单位发至监理单位，监理单位将设计变更发至施工单位进行施工。

3. 电缆中间接头位置的错误及整改：

（1）动力照明电缆：并列敷设的电缆中间接头位置相同。

整改：将电缆中间头的位置错开，电缆接头处用绝缘隔板分开。

（2）智能化电缆：在电缆桥架内有中间接头。

整改：电缆中间接头应在分线箱（或接线盒）内连接。

4. 电缆敷设分项工程质量验收合格的规定有：

（1）分项工程所含的检验项目（检验批）质量均应验收合格。

（2）分项工程所含检验批的质量验收记录应完整。

（四）

1. 用节点代号表示施工进度计划的关键线路：①→⑤→⑥→⑩→⑪→⑫。

该施工进度计划的总工期为191d。

2. 在土方开挖施工过程中，需要采取如下环境保护措施：

（1）土方开挖施工时应采取洒水、覆盖、围挡等措施。

（2）土方开挖施工时，运送土方的车辆必须采取封闭严密的措施，施工现场进出口设洗车装置，保证开出施工现场的车辆清洁。

3. 250t履带吊进行大型工艺设备吊装作业时，吊车的工作位置地面有如下要求：

（1）吊车工作位置的地面应进行硬化处理。

（2）吊车工作位置地面应做耐压力测试。

（3）地面耐压力应满足地基对吊车的要求。

4. 安装流量取源部件的管道直管段应符合如下要求：

（1）流量取源部件上、下游的直管段最小长度应符合设计文件的规定。

（2）直管段内表面应清洁，无凹坑和突出物。

2017 年度全国二级建造师执业资格考试

《机电工程管理与实务》

真题及解析

2017年度《机电工程管理与实务》真题

一、**单项选择题**（共20题，每题1分。每题的备选项中，只有1个最符合题意）

1. 合金结构钢的强度等级是根据（　　）划分的。

A. 屈服强度　　B. 抗拉强度

C. 抗压强度　　D. 抗弯强度

2. 关于长距离输电线路铁塔基础设施测量的说法，正确的是（　　）。

A. 根据沿途实际情况测设铁塔基础

B. 采用钢尺量距时的丈量长度适宜于80~100m

C. 一段架空线路的测量视距长度不宜超过400m

D. 大跨越档距之间不宜采用解析法测量

3. 起重吊装采用2个以上吊点起吊时，下列吊索与水平线夹角，宜选用的角度是（　　）。

A. 45°　　B. 50°

C. 55°　　D. 60°

4. 下列焊接方法中，焊接飞溅最大的焊接方法是（　　）。

A. 气焊　　B. 手工电弧焊

C. CO_2 气体保护焊　　D. 埋弧自动焊

5. 若无设计规定，一般负压锅炉的风压试验压力是（　　）。

A. 0.4kPa　　B. 0.5kPa

C. 0.6kPa　　D. 1.0kPa

6. 下列静置设备设计压力值（P）的范围中，正确的是（　　）。

A. 常压设备：$P<0.12MPa$　　B. 低压设备：$0.12MPa\leqslant P<1.6MPa$

C. 中压设备：$1.6MPa\leqslant P<10MPa$　　D. 高压设备：$10MPa\leqslant P<160MPa$

7. 温度取源部件安装在合金管道拐弯处时，错误的做法是（　　）。

A. 在防腐、衬里、吹扫和压力试验前安装

B. 用机械方法开孔

C. 逆着物料流向安装

D. 取源部件轴线与管道轴线垂直相交

8. 关于管道保温层施工的做法，错误的是（　　）。

A. 采用预制块做保温层时，同层要错缝，异层要压缝

B. 管道上的法兰等经常维修的部位，保温层必须采用可拆卸式的结构

C. 水平管道的纵向接缝位置，要布置在管道垂直中心线45°范围内

D. 管托处的管道保温，应不妨碍管道的膨胀位移

9. 在耐火陶瓷纤维内衬上施工不定形耐火材料时，其表面应做（　　）。

A. 绝热处理　　B. 防水处理

C. 防火处理　　　　　　　　　　　　　　D. 防腐处理

10. 关于建筑管道工程系统试验的说法，正确的是（　　）。

A. 管道的压力试验应在无损检测前进行

B. 通球试验的球径不小于排水管径的2/3

C. 高层建筑管道施工结束后应立即进行整体试验

D. 室内埋地排水管道投用前必须做灌水试验

11. 下列建设工程，不用申请消防设计审核的是（　　）。

A. 政府办公楼　　　　　　　　　　　　B. 城市轨道交通

C. 2000m^2 中学图书馆　　　　　　　　D. 6 层住宅楼

12. 下列子分部工程中，不属于液压电梯安装工程的是（　　）。

A. 补偿装置安装　　　　　　　　　　　B. 悬挂装置安装

C. 导轨安装　　　　　　　　　　　　　D. 对重（平衡重）安装

13. 投标人的下列情况，不应作为废标处理的是（　　）。

A. 资产负债率大于招标要求　　　　　　B. 投标报价低于其个别成本

C. 投标安全文明施工费低于招标要求　　D. 投标工期短于招标要求

14. 施工合同中有关合同价款的分析内容，除合同价格和计价方法外，还应包括（　　）。

A. 工期要求　　　　　　　　　　　　　B. 合同变更

C. 索赔程序　　　　　　　　　　　　　D. 价格补偿条件

15. 降低机电工程项目成本的合同措施不包括（　　）。

A. 建立成本管理责任体系　　　　　　　B. 选择适当的合同结构模式

C. 必要的合同风险防控对策　　　　　　D. 全过程的合同控制

16. 工程竣工结算的编制依据中不包括（　　）。

A. 施工合同　　　　　　　　　　　　　B. 政策性造价文件

C. 设计变更技术核定单　　　　　　　　D. 招标控制价清单

17. 下列计量器具中，不属于A类器具的是（　　）。

A. 直角尺检具　　　　　　　　　　　　B. 千分表

C. 立式光学计　　　　　　　　　　　　D. X 射线探伤机

18. 下列容器中，属于Ⅱ类压力容器的是（　　）。

A. 容积等于 50m^3 的球形容器　　　　　B. 容积等于 5m^3 的低温液体储存容器

C. 低压管壳式余热锅炉　　　　　　　　D. 中压搪玻璃容器

19. 经过返修加固处理的分项工程，外形尺寸增大仍能满足安全使用要求的可以（　　）。

A. 降级验收　　　B. 协商验收　　　C. 鉴定验收　　　D. 核算验收

20. 关于工程质量竣工验收中检查的说法，错误的是（　　）。

A. 设计使用功能的分部工程应进行检验资料的复查

B. 分部工程验收时补充的见证抽样检验报告要复核

C. 安全检查是对设备安装工程最终质量的综合检验

D. 参加验收的各方人员共同决定观感质量是否通过验收

二、多项选择题（共 10 题，每题 2 分。每题的备选项中，有 2 个或 2 个以上符合题意，至少有 1 个错项。错选，本题不得分；少选，所选的每个选项得 0.5 分）

21. 关于机械设备垫铁设置的要求，正确的有（　　）。

A. 垫铁与设备基础之间的接触良好

B. 相邻两组垫铁间的距离，宜为 500~1000mm

C. 设备底座有接缝处的两侧，各设置一组垫铁

D. 厚的宜放在最下面，薄的宜放在最上面

E. 每组垫铁块数不宜超过 5 块

22. 电缆上装设的标志牌，应注明的内容有（　　）。

A. 线路编号　　B. 电缆型号

C. 电缆规格　　D. 起讫地点

E. 使用年限

23. 关于管道系统压力试验前应具备条件的说法，正确的有（　　）。

A. 管道上的膨胀节已设置了临时约束装置

B. 管道防腐及绝热工程已全部结束

C. 符合压力试验要求的液体或气体已经备齐

D. 试验方案已经过批准，并已进行安全交底

E. 至少有 1 块在周检期内检验合格的压力表

24. 下列防雷接地的分项工程，属于接闪器的有（　　）。

A. 避雷针　　B. 避雷带

C. 均压环　　D. 接地干线

E. 引下线

25. 关于通风与空调系统进行试运行与调试的说法，正确的有（　　）。

A. 设备单机试运转前进行口头安全技术交底

B. 通风系统的连续试运行应不少于 2h

C. 空调系统带冷（热）源的连续试运行应不少于 8h

D. 系统总风量实测值与设计风量的偏差允许值不应大于 10%

E. 空调冷（热）水总流量测试结果与设计流量的偏差不应大于 10%

26. 关于安全技术防范系统的检测规定，正确的有（　　）。

A. 摄像机抽检的数量不应低于 10%，且不应少于 5 台

B. 探测器抽检的数量不应低于 20%，且不应少于 3 台

C. 门禁器抽检的数量不应低于 5%，且不应少于 3 台

D. 电子巡查信息识读器的数量少于 3 台时，应全部检测

E. 出入口识读器设备的数量少于 10 台时，应全部检测

27. 下列施工作业内容中，需要编制施工方案的有（　　）。

A. 大型设备吊装　　B. 支架制作安装

C. 压力管道焊接　　D. 设备试运行

E. 灯具安装接线

28. 在工程项目施工中，施工机具的选择要求有（　　）。

A. 满足施工方案的需要　　B. 适合工程的具体特点

C. 保证施工质量的要求　　　　　　　D. 小型设备能超负荷运转

E. 兼顾市场拓展的需要

29. 关于工程竣工档案编制及移交的要求，正确的有（　　）。

A. 项目竣工档案一般不少于两套　　　B. 档案资料原件由建设单位保管

C. 应编制工程档案资料移交清单　　　D. 双方应在移交清单上签字盖章

E. 档案资料移交清单需一式三份

30. 下列沟通协调内容中，属于施工资源配备协调的有（　　）。

A. 设备材料有序供应　　　　　　　　B. 专业管线综合布置

C. 施工垃圾分类堆放　　　　　　　　D. 施工机具优化配置

E. 工程资金合理分配

三、案例分析题（共 4 题，每题 20 分）

（一）

背景资料：

某建设单位新建传媒大厦项目，对其中的消防工程公开招标，由于该大厦属于超高层建筑，且其中的变配电房和网络机房消防要求特殊，招标文件对投标单位专业资格提出了详细的要求。招标人于 3 月 1 日发出招标文件，定于 3 月 20 日开标。

投标单位收到招标文件后，其中有三家单位发现设计图中防火分区划分不合理，提出质疑。招标人经设计单位确认并修改后，3 月 10 日向提出质疑的三家单位发出了澄清。

3 月 20 日，招标人在专家库中随机抽取了 3 个技术经济专家和 2 个业主代表一起组成评标委员会，准备按计划组织开标。被招标监督机构制止，并指出其招标过程中的错误，招标人修正错误后进行了开标。

A 单位递交的投标文件中，其施工方案按照消防系统的构成对消火栓灭火系统、自动喷水灭火系统、干粉灭火系统、泡沫灭火系统和火灾报警系统进行了详细阐述。评标专家认为不够全面，评分较低。

经详细评审，由资格过硬、报价合理、施工方案考虑周详的 B 单位中标。B 单位在完成了消防工程的全部内容后，请专业检测单位进行检测并取得了合格资料。建设单位向公安消防部门提交了包括消防验收申请表、有防火性能要求的建筑构件、材料符合国家或行业标准的证明文件、出厂合格证以及施工、监理和检测单位的营业执照在内的资料，要求验收。公安消防部门审查后要求补齐资料后重新申请消防验收。

问题：

1. 投标单位专业资格审查包括哪几个方面？

2. 指出招标人在招标过程中的错误？

3. A 单位阐述的施工方案中还缺少哪些系统？

4. 建设单位还需要补齐哪些材料才能重新申请消防验收？

（二）

背景资料：

某安装公司中标一机床厂的钢结构厂房制作安装及机电安装工程，在编制质量预控措施时，安装公司重点抓住工序质量控制，除设置质量控制点外，还认真地进行工序分析，即严格按照第一步书面分析、第二步试验核实、第三步制定标准的三个步骤，并分别采用各自的分析控制方法，从而有效地控制了工程施工质量。

安装公司在钢结构厂房安装时，由于搭建脚手架的地基下沉，发生脚手架倒塌事故，造成2人死亡，5人重伤，直接经济损失800万元。经相关部门调查确认，安装公司主要负责人未能依法履行安全生产管理职责导致本次事故发生，并按国家现行的安全事故等级划分规定，对安装公司及其主要负责人进行了处罚。

在设备螺纹连接件装配时，施工班组遇到有预紧力规定要求的紧固螺纹连接，经技术交底和反复实践，施工人员熟练掌握各种紧固方法的操作技能，圆满完成了所有螺纹连接的紧固工作。

在项目施工成本控制中，安装公司采用了"施工成本偏差控制"法。实施过程中，计划成本是9285万元，预算成本是9290万元，实际成本是9230万元，施工成本控制取得了较好的效果。

问题：

1. 工序分析的三个步骤中，分别采用的是哪种分析方法？
2. 本工程安全事故属于哪个等级？对安装公司及其主要负责人应进行怎样的处罚？
3. 有预紧力规定要求的螺纹连接常用的紧固方法有哪几种？
4. 列式计算本工程施工成本的实际偏差。并简述项目成本控制的常用方法还有哪些？

（三）

背景资料：

A 安装公司承包某高层建筑的通风空调、给水排水和建筑电气工程的施工。合同约定：空调设备由业主采购，其他设备、材料由 A 安装公司采购。高层建筑的一次结构已完工；二次结构和装饰工程由 B 建筑公司承包施工，变配电室由当地供电所的电力公司承包施工。

A 安装公司项目部在 8 月 1 日进场后，依据 B 建筑公司的施工进度，空调设备的到场时间及供电所的送电时间等资料，编制了通风空调、给水排水和建筑电气工程的施工进度计划（见表 1），该施工进度计划在送审时，被总工程师否定，经项目部修改后通过审批。

通风空调、给水排水和建筑电气工程的施工进度计划 **表 1**

日 / 施工内容	8月			9月			10月			11月			12月		
	1	11	21	1	11	21	1	11	21	1	11	21	1	11	21
施工准备	—														
通风空调系统施工		—	—	—	—	—	—	—	—						
建筑给水系统施工			—	—	—	—	—	—							
建筑排水系统施工				—	—	—	—	—	—						
楼层配电系统施工		—	—	—	—	—	—	—	—	—					
电气照明系统施工					—	—	—	—	—	—					
各专业系统送电调试											—	—			
系统联动调试、调整													—	—	
竣工验收															—

在工程施工中，曾经发生了 2 个施工质量问题：

问题 1：因空调设备没有按合同约定送达施工现场，耽误了风管的施工进度，为了赶进度，室内主风管安装连接后，没有检测风管的严密性就开始风管的保温作业，被监理叫停，后经检验合格才交付下道工序。

问题 2：在灯具通电调试时，发现个别灯具外壳带电，经检查是螺口灯头的接线错误，同时还发现嵌入式吸顶灯（重 3.5kg）用螺钉固定在石膏板吊顶上，整改后通过验收。

A 安装公司项目部与 B 建筑公司、电力公司配合协调，进行系统联动调试、调整，共同对建筑装饰、通风空调、给水排水和建筑电气工程进行竣工验收，使工程按合同要求完工。

问题：

1. 说明施工进度计划被总工程师否定的原因？变配电室最迟应在哪天完成送电？
2. 问题 1 中，应检验风管哪些部位的严密性？
3. 问题 2 中，灯具的安装质量应如何整改？
4. A 安装公司项目部与 B 建筑公司协调与配合的主要内容有哪些？

（四）

背景资料：

某安装公司承包2×200MW火力发电厂1号机组的全部机电安装工程，工程主要内容包括锅炉、汽轮发电机组、油浸式电力变压器、110kV交联电力电缆、化学水系统、输煤系统、电除尘装置等安装。

安装公司项目部进场后，编制了施工组织总设计，制定项目考核成本。施工组织总设计的主要内容有编制依据、工程概况和施工特点分析、主要施工方案、施工进度计划。施工方案有油浸式电力变压器施工方案、电力电缆敷设方案、电力电缆交接试验方案等。油浸式电力变压器施工方案中的施工程序只有开箱检查、二次搬运、设备就位、吊芯检查。安装公司项目部重视施工技术交底工作，在各工程的开工前，技术人员对施工人员进行了施工技术交底。在油浸式电力变压器安装时，由于变压器附件到货晚，导致整体工期滞后，安装公司项目部协调5名施工人员到该项目支援工作，作业班长考虑到他们比较熟悉变压器安装且经验丰富，未通知技术人员进行交底，立即安排参加变压器的安装工作。

110kV电力电缆交接试验时，电气试验人员按照施工方案与《电气设备交接试验标准》要求，对110kV电力电缆进行了电缆绝缘电阻测量和交流耐压试验。

问题：

1. 本项目施工组织总设计的主要内容还应有哪些？

2. 油浸式电力变压器施工程序中还缺少哪些工序？

3. 作业班长做法是否正确？写出施工技术交底的类型。

4. 110kV电力电缆交接试验时，还缺少哪几个试验项目？

2017 年度真题参考答案及解析

一、单项选择题

1. A；	2. C；	3. D；	4. C；	5. B；
6. C；	7. D；	8. C；	9. B；	10. B；
11. D；	12. A；	13. D；	14. D；	15. A；
16. D；	17. B；	18. C；	19. B；	20. C。

【解析】

1. A。本题考核的是合金结构钢强度等级划分。合金结构钢按其合金元素的总含量，可分为低合金结构钢、中合金结构钢和高合金结构钢。在机电工程中，低合金结构钢最为常用，按照国家标准《低合金高强度结构钢》GB/T 1591—2008，根据屈服强度划分，其共有 Q345、Q390、Q420、Q460、Q500、Q550、Q620 等强度等级。此知识点已删除。

2. C。本题考核的是长距离输电线路钢塔架（铁塔）基础施工的测量。长距离输电线路定位并经检查后，可根据起、止点和转折点及沿途障碍物的实际情况，测设钢塔架基础中心桩，其直线投点允许偏差和基础之间的距离丈量允许偏差应符合规定。因此 A 选项说法错误。当采用钢尺量距时，其丈量长度不宜大于 80m，同时，不宜小于 20m。因此 B 选项说法错误。考虑架空送电线路钢塔之间的弧垂综合误差不应超过确定的裕度值，一段架空送电线路，其测量视距长度，不宜超过 400m。因此 C 选项说法正确。在大跨越档距之间，通常采用电磁波测距法或解析法测量。因此 D 选项说法错误。

3. D。本题考核的是钢丝绳和轻小型起重设备。若采用 2 个以上吊点起吊时，每点的吊索与水平线夹角不宜小于 60°。此知识点已删除。

4. C。本题考核的是焊接工艺的选择。二氧化碳气体保护焊的缺点：弧光辐射较强，必须注意个人安全防护；抗风能力差，不宜在露天焊接；焊接飞溅大，焊缝成型不如埋弧焊美观；焊接设备相比手工焊较为复杂，易出故障。气焊的缺点：火焰温度低，热量不集中，加热面积大，焊后变形大，热影响区域宽，接头的力学性能较低，生产效率低，不易焊接较厚的工件；气焊火焰自调困难，不易实现自动化。埋弧自动焊的缺点：只能适应水平面俯位焊接；难以焊接铝、镁等氧化性强的金属及其合金。手工电弧焊的缺点：施工效率低，劳动强度大，质量对人的操作技能和素质依赖性高。此知识点已删除。

5. B。本题考核的是电站锅炉安装质量控制要点。锅炉密封工作结束后，对炉膛进行气密性试验，并处理缺陷至合格，风压试验压力按设备技术文件规定来选择，如无规定时，试验压力可按炉膛工作压力加 0.5kPa 进行正压试验，一般负压锅炉的风压试验值选 0.5kPa。此知识点已删除。

6. C。本题考核的是静置设备的分类。静置设备按设备的设计压力（P）分类，常压设备：$P<0.1$MPa；低压设备：$0.1\text{MPa}\leqslant P<1.6\text{MPa}$；中压设备：$1.6\text{MPa}\leqslant P<10\text{MPa}$；高压设备：$10\text{MPa}\leqslant P<100\text{MPa}$；超高压设备：$P\geqslant 100$MPa。此知识点已删除。

7. D。本题考核的是自动化仪表取源部件的安装要求。温度取源部件与管道安装要求：

温度取源部件与管道垂直安装时，取源部件轴线应与管道轴线垂直相交；在管道的拐弯处安装时，宜逆着物料流向，取源部件轴线应与管道轴线相重合；与管道呈倾斜角度安装时，宜逆着物料流向，取源部件轴线应与管道轴线相交。因此 C 选项做法正确，D 选项做法错误。安装取源部件的开孔与焊接必须在工艺管道或设备的防腐、衬里、吹扫和压力试验前进行。因此 A 选项做法正确。在高压，合金钢、有色金属的工艺管道和设备上开孔时，应采用机械加工的方法。因此 B 选项做法正确。

8. C。本题考核的是绝热层施工技术要求。采用预制块做保温层时，同层要错缝，异层要压缝，用同等材料的胶泥勾缝。因此 A 选项做法正确。管道上的阀门、法兰等经常维修的部位，保温层必须采用可拆卸式的结构。因此 B 选项做法正确。水平管道的纵向接缝位置，不得布置在管道垂直中心线 45°范围内。因此 C 选项做法错误。管托处的管道保温，应不妨碍管道的膨胀位移，且不损坏保温层。因此 D 选项做法正确。

9. B。本题考核的是耐火陶瓷纤维施工技术。在耐火陶瓷纤维内衬上施工不定型耐火材料时，其表面应做防水处理。

10. B。本题考核的是建筑管道工程系统试验。管道压力试验应在管道系统安装结束，经外观检查合格、管道固定牢固、无损检测和热处理合格、确保管道不再进行开孔、不再焊接作业的基础上进行。因此 A 选项说法错误。高层建筑管道应先按分区、分段进行试验，合格后再按系统进行整体试验。因此 C 选项说法错误。室内隐蔽或埋地的排水管道在隐蔽前必须做灌水试验，而非使用前做灌水试验。因此 D 选项说法错误。排水管道主立管及水平干管安装结束后均应做通球试验。通球球径不小于排水管径的 2/3，通球率必须达到 100%。因此 B 选项说法正确。

11. D。本题考核的是消防工程验收的相关规定。城市轨道交通、政府办公楼属于特殊建筑工程的范围，2000m^2 中学图书馆属于人员密集场所，建设单位应当向公安机关消防机构申请消防设计审核，并在建设工程竣工后向出具消防设计审核意见的公安机关消防机构申请消防验收。6 层住宅楼不用申请消防设计审核。

12. A。本题考核的是电梯的组成。液压电梯安装子分部工程是由设备进场验收，土建交接检验，液压系统，导轨，门系统，轿厢，对重（平衡重），安全部件，悬挂装置，随行电缆，电气装置，整机安装验收等分项工程组成。

13. D。本题考核的是机电工程招标的主要要求。应当作为废标处理的情况有：

（1）弄虚作假，串通投标及行贿等违法行为。

（2）报价低于其个别成本。因此 B 选项应作为废标处理。

（3）投标人不具备资格条件或者投标文件不符合形式要求，如签字、盖章、标书密封等。

（4）未能在实质上响应招标文件的投标书。

（5）投标联合体未能提交共同投标协议等。

A 选项属于应当作为废标处理的第（3）项情况，应作废标处理。投标安全文明施工措施费，是不可竞争费用，不能低于招标文件的要求，当低于招标要求，则应作为废标。因此 C 选项应作为废标处理。招标人对工期的要求，属于招标文件的实质性内容，投标人是必须要满足的，满足条件就是等于或者少于招标人要求的工期。因此 D 选项不应作为废标处理。

14. D。本题考核的是施工分包合同分析。合同分析的重点内容有：

（1）分包人的主要合同责任，工程范围，总包人的责任。

（2）合同价格，计价方法和价格补偿条件。

（3）工期要求和顺延条件，工程受干扰的法律后果，合同双方的违约责任。

（4）合同变更方式，工程验收方法，索赔程序和争执的解决等。

15. A。本题考核的是降低机电工程项目成本的合同措施。降低机电工程项目成本的合同措施有：

（1）选用适当的合同结构模式。

（2）合同风险防控。

（3）全过程的合同控制。

建立成本管理责任体系属于降低机电工程项目施工成本的组织措施。

16. D。本题考核的是工程竣工结算的编制依据。工程竣工结算的依据有：

（1）该工程签订的具有法律效力的施工合同和补充文件。

（2）已颁发的工程造价的政策性文件和相关规定。

（3）按国家预算定额及相关取费标准结算的工程，则应依据施工图预算、设计变更技术核定单和现场用工签证。

（4）实行招标投标的工程以中标价为结算主要依据。

17. B。本题考核的是分类管理计量器具。A类计量器具范围包括：

（1）施工企业最高计量标准器具和用于量值传递的工作计量器具。例如：一级平晶、零级刀口尺、水平仪检具、直角尺检具、百分尺检具、百分表检具、千分表检具、自准直仪、立式光学计、标准活塞式压力计等。

（2）列入国家强制检定目录的工作计量器具。例如：兆欧表、接地电阻测量仪、X射线探伤机等。

A、C、D选项均属于A类计量器具。B选项属于B类计量器具。

18. C。本题考核的是锅炉、压力容器、压力管道的分类。属于Ⅱ类压力容器的有：中压容器；低压容器：极度和高度毒性介质的低压容器；易燃或中度毒性介质的低压反应容器和低压储存容器；低压管壳式余热锅炉；低压搪玻璃容器。A、B、D选项属于Ⅲ类压力容器。此知识点已删除。

19. B。本题考核的是工业安装工程质量验收评定为“不合格”时的处理办法。经返修或加固处理的分项分部工程，虽然改变外形尺寸但仍能满足安全使用要求，可按技术方案和协商文件进行验收。

20. C。本题考核的是工程质量竣工验收中检查。使用功能的检查是对建筑工程和设备安装工程最终质量的综合检验，也是用户最为关心的内容。因此C选项说法错误。由参加验收的各方人员共同进行观感质量检查，共同决定是否通过验收。因此D选项说法正确。涉及安全、节能、环境保护和使用功能的分部工程应进行检验资料的复查。因此A选项说法正确。不仅要全面检查其完整性（不得有漏项缺项），而且对分部工程验收时补充进行的见证抽样检验报告也要复核。因此B选项说法正确。

二、多项选择题

21. A、B、C、E；　　22. A、B、C、D；　　23. A、C、D；

24. A、B、C；　　25. B、C、D、E；　　26. B、D；

27. A、C、D；　　28. A、B、C、E；　　29. A、C、D；

30. A、D、E。

【解析】

21. A、B、C、E。本题考核的是机械设备垫铁设置。垫铁与设备基础之间的接触良好。因此 A 选项正确。相邻两组垫铁间的距离，宜为 500~1000mm。因此 B 选项正确。设备底座有接缝处的两侧，各设置一组垫铁。因此 C 选项正确。每组垫铁的块数不宜超过 5 块，放置平垫铁时，厚的宜放在下面，薄的宜放在中间，垫铁的厚度不宜小于 2mm。因此 D 选项错误，E 选项正确。

22. A、B、C、D。本题考核的是电力电缆线路的施工要求。标志牌上应注明线路编号、电缆型号、规格及起讫地点；并联使用的电缆应有顺序号。

23. A、C、D。本题考核的是管道系统压力试验前应具备的条件。管道系统压力试验前应具备的条件有：

（1）试验范围内的管道安装工程除防腐、绝热外，已按设计图纸全部完成，安装质量符合有关规定。

（2）焊缝及其他待检部位尚未防腐和绝热。

（3）管道上的膨胀节已设置了临时约束装置。

（4）试验用压力表在周检期内并已经校验，其精度符合规定要求，压力表不得少于两块。例如，压力表精度不得低于 1.6 级，表的满刻度值应为被测压力的 1.5~2 倍。

（5）符合压力试验要求的液体或气体已经备齐。

（6）管道已按试验的要求进行了加固。

（7）待试管道与无关系统已用盲板或其他隔离措施隔开。

（8）待试管道上的安全阀、爆破片及仪表元件等已拆下或加以隔离。

（9）试验方案已经过批准，并已进行了技术安全交底。

（10）在压力试验前，相关资料已经建设单位和有关部门复查。

24. A、B、C。本题考核的是建筑电气工程组成。接闪器包括避雷针、避雷带、避雷网、均压环、避雷线。接地装置包括接地体、接地干线。此知识点已删除。

25. B、C、D、E。本题考核的是通风与空调系统进行试运行与调试。设备单机试运转安全保证措施要齐全、可靠，并有书面的安全技术交底。因此 A 选项说法错误。通风与空调系统无生产负荷的联合试运行及调试，应在设备单机试运转合格后进行。通风系统的连续试运行应不少于 2h，空调系统带冷（热）源的连续试运行应不少于 8h。因此 B、C 选项说法正确。空调冷（热）水、冷却水总流量测试结果与设计流量的偏差不应大于 10%，各空调机组盘管水流量经调整后与设计流量的偏差不应大于 20%。因此 E 选项说法正确。系统风量平衡后应达到以下规定：系统总风量实测值与设计风量的偏差允许值不应大于 10%；系统经平衡调整，各风口或吸风罩的总风量与设计风量的允许偏差不应大于 15%。因此 D 选项说法正确。

26. B、D。本题考核的是建筑智能化系统检测技术。安全技术防范系统检测规定：

（1）子系统功能应按设计要求逐项检测。

（2）摄像机、探测器、出入口识读设备、电子巡查信息识读器等设备抽检的数量不应低于 20%，且不应少于 3 台，数量少于 3 台时应全部检测。

A、C 选项抽检数量不应低于 20%，且不少于 3 台；E 选项，少于 3 台的时候全数抽检。

27. A、C、D。本题考核的是编制主要施工方案。针对制约施工进度的关键工序和质量控制的重点分项工程，编制主要施工方案。例如：大型设备起重吊装方案、调试方案、重要焊接方案、设备试运行方案等。因此大型设备吊装、压力管道焊接、设备试运行等施工作业，需要编制主要施工方案。此知识点已删除。

28. A、B、C、E。本题考核的是施工机具的选择原则。施工机具的选择主要按类型、主要性能参数、操作性能来进行，要切合需要，实际可能，经济合理。其选择原则是：

（1）施工机具的类型，应满足施工部署中的机械设备供应计划和施工方案的需要。

（2）施工机具的主要性能参数，要能满足工程需要和保证质量要求。

（3）施工机具的操作性能，要适合工程的具体特点和使用场所的环境条件。

（4）能兼顾施工企业近几年的技术进步和市场拓展的需要。

（5）尽可能选择操作上安全、简单、可靠，品牌优良且同类设备同一型号的产品。

（6）综合考虑机械设备的选择特性。

29. A、C、D。本题考核的是机电工程项目竣工档案管理要求。机电工程项目竣工档案一般不少于两套，一套由建设单位保管，一套（原件）移交当地档案馆。施工单位向建设单位移交工程档案资料时，应编制《工程档案资料移交清单》，双方按清单查阅清点。移交清单一式两份，移交后双方应在移交清单上签字盖章，双方各保存一份存档备查。B 选项，原件是由承建档案馆来保存的；E 选项，档案资料移交清单一式两份。

30. A、D、E。本题考核的是施工现场的内部沟通协调。施工生产资源配备的协调包括人力资源的合理配备；施工用设备和材料的有序供应；施工工机具的优化配置；资金的合理分配等。专业管线综合布置属于施工进度计划安排的协调内容。施工垃圾分类堆放属于施工安全与卫生及环境管理的协调内容。

三、案例分析题

（一）

1. 投标单位专业资格审查内容包括：

（1）施工经历，包括以往承担类似项目的业绩。

（2）人员状况，包括承担本项目所配备的管理人员和主要人员的名单和简历。

（3）施工方案，包括为履行合同任务而配备的机械、设备等情况。

（4）财务状况，包括申请人的资产负债表、现金流量表等。

2. 招标人在招标过程中的错误如下：

（1）错误之处：3 月 10 日向提出质疑的三家单位发出了澄清。

理由：招标人对已发出的招标文件进行必要的澄清或者修改的，应当在招标文件要求提交投标文件截止时间至少 15 日前，以书面形式通知所有招标文件收受人。

（2）错误之处：3 月 20 日，招标人在专家库中随机抽取了 3 个技术经济专家和 2 个业主代表一起组成评标委员会，准备按计划组织开标。

理由：评标委员会一般由招标人代表和技术、经济等方面的专家组成，其成员人数为 5 人以上单数。其中技术、经济等方面的专家不得少于成员总数的 2/3。故此专家抽取数目不符合法律文件的要求。

3. A 单位阐述的施工方案中还应包括的系统有：气体灭火系统、防排烟系统、应急疏散系统、消防通信系统、消防广播系统、防火分隔（或卷帘门）设施等。

4. 建设单位还需要补齐下列材料才能重新申请消防验收：

（1）工程竣工验收报告和有关消防设施的工程竣工图纸。

（2）消防产品质量合格证明文件。

（3）消防设施检测合格证明文件。

（4）施工、监理和检测单位的资质证书。

（5）建设单位的工商营业执照。

（二）

1. 工序分析的第一步书面分析采用因果分析法；第二步试验核实采用优选法；第三步制定标准进行管理采用系统图法和矩阵图法。

2. 根据《生产安全事故报告和调查处理条例》规定，根据生产安全事故（以下简称事故）造成的人员伤亡或者直接经济损失，事故一般分为以下等级：

（1）特别重大事故，是指造成 30 人以上死亡，或者 100 人以上重伤（包括急性工业中毒，下同），或者 1 亿元以上直接经济损失的事故。

（2）重大事故，是指造成 10 人以上 30 人以下死亡，或者 50 人以上 100 人以下重伤，或者 5000 万元以上 1 亿元以下直接经济损失的事故。

（3）较大事故，是指造成 3 人以上 10 人以下死亡，或者 10 人以上 50 人以下重伤，或者 1000 万元以上 5000 万元以下直接经济损失的事故。

（4）一般事故，是指 3 人以下死亡，或者 10 人以下重伤，或者 1000 万元直接经济损失的事故。

本案例中脚手架坍塌事故造成 2 人死亡，5 人重伤，直接经济损失 800 万元。因此本工程安全事故等级属于一般事故。对公司处罚 20 万元以上，50 万元以下罚款；对主要负责人处罚一年年收入 30%的罚款。

3. 有预紧力规定要求的螺纹连接常用的紧固方法有：定力矩法、测量伸长法、液压拉伸法、加热伸长法。

4.（1）本工程施工成本的实际偏差 = 计划成本 - 实际成本 = 9285 - 9230 = 55 万元。

（2）项目成本控制的常用方法还有：以施工图控制成本、安装工程费的动态控制、工期成本的动态控制。

（三）

1.（1）施工进度计划被总工程师否定的原因有：进度计划中先建筑给水，后建筑排水的施工程序不正确（或施工应是先排水，后给水）。排水管道系统和给水管道系统应进行调整。

（2）变配电室最迟应在 11 月 10 日（或 11 日前）完成送电。

2. 问题 1 中，风管系统安装后，必须进行严密性检验，主要检验风管、部件制作加工后的咬口缝、铆接孔、风管的法兰翻边、风管管段之间的连接严密性，检验以主、干管为主，检验合格后方能交付下道工序。

3. 问题 2 中，螺口灯头的相线应接在中心触点端子上，零线应接在螺纹端子上；嵌入式吸顶灯（重量大于 3kg）应采取预埋吊钩（或膨胀螺栓）固定在混凝土楼板上。

4. A 安装公司项目部与 B 建筑公司协调与配合的主要内容有：施工进度的协调与配合，

交叉施工的协调与配合，吊装（运输）机具的使用与协调，设备基础（或预埋件、预留孔）的检查与协调。

（四）

1. 本项目施工组织总设计的主要内容还应有：

（1）组织方案和施工部署。

（2）施工准备与资源配置计划。

（3）施工现场平面图。

（4）主要施工管理计划。

2. 油浸式电力变压器施工程序中还缺少如下工序：

（1）附件安装。

（2）滤油、注油。

（3）绝缘测试。

（4）交接试验。

（5）验收。

3. 作业班长的做法不正确。

理由：施工单位作业班长必须向施工人员进行施工技术交底。

施工技术交底的类型有：设计交底、施工组织设计交底、施工方案交底、设计变更交底、安全技术交底。

4. 交接试验时，还缺少的试验项目如下：直流耐压试验、测量导电体直流电阻、泄漏电流测量、绝缘油试验、线路相位检查等。

《机电工程管理与实务》

考前冲刺试卷（一）及解析

《机电工程管理与实务》考前冲刺试卷（一）

一、单项选择题（共20题，每题1分。每题的备选项中，只有1个最符合题意）

1. 安装标高基准点的测设中，标高基准点一般埋设在（　　）。

A. 中心位置　　B. 基础边缘

C. 最高点　　D. 最低点

2. 当增加或变更焊接工艺评定任何一个补加因素时，则可按照增加或变更的补加因素，增焊（　　）韧性试件进行试验。

A. 拉伸　　B. 冲击　　C. 弯曲　　D. 剪切

3. 电力电缆的交接试验内容不包括（　　）。

A. 直流耐压试验　　B. 交流耐压试验

C. 泄漏电流测量　　D. 电缆两端压差检查

4. 室内卫生器具的排水支管隐蔽前必须做（　　）。

A. 压力试验　　B. 泄漏试验

C. 通球试验　　D. 灌水试验

5. 在工程测量的基本程序中，设置标高基准点后，下一步应进行的程序是（　　）。

A. 安装过程测量控制　　B. 建立测量控制网

C. 设置沉降观测点　　D. 设置纵横中心线

6. 吊装工程选用卷扬机应考虑的基本参数有（　　）。

A. 总功率、容绳量和额定速度

B. 额定载荷、总功率和额定速度

C. 额定载荷、容绳量和总功率

D. 额定载荷、容绳量和额定速度

7. 机械设备安装设定基准线和基准点应遵循的原则不包括（　　）。

A. 安装检测使用方便　　B. 有利于保持而不被毁损

C. 刻划清晰容易辨识　　D. 关联设备不应相互采用

8. 产品焊接试件应由（　　）焊接。

A. 本单位技能熟练的焊接人员　　B. 参与本台压力容器产品的焊工

C. 焊接技师　　D. 取得焊接资格证的焊工

9. 建筑有线电视及卫星电视接收系统验收文件中，应包括的文件是（　　）。

A. 用户分配电平图　　B. 应用软件文档

C. 接口技术文件　　D. 防火墙配置文件

10. 对于超过一定规模的危险性较大的专项工程，（　　）应组织专家对安全专项施工方案进行论证。

A. 设计单位　　B. 建设单位

C. 施工单位　　D. 监理单位

11. 工业管道施工中，关于卷管制作要求，表述正确的是（　　）。

A. 卷管同一筒节两纵焊缝间距不应小于180mm

B. 有加固环、板的卷管，加固环、板的对接焊缝应与管子纵向焊缝错开，其间距不应小于100mm

C. 卷管端面与中心线的垂直允许偏差不得大于管子外径的0.5%

D. 卷管组对时，相邻筒节两纵焊缝间距应不大于80mm

12. 接地支线的施工技术要求，有色金属接地线不能采用焊接时，可用（　　）。

A. 螺栓连接　　B. 热熔连接

C. 法兰连接　　D. 绑扎连接

13. 风管安装就位的程序通常为（　　）。

A. 先上层后下层，先主干管后支管，先立管后水平管

B. 先上层后下层，先主干管后支管，先水平管后立管

C. 先上层后下层，先支管后主干管，先立管后水平管

D. 先下层后上层，先主干管后支管，先立管后水平管

14. 火灾自动报警系统设备接地应采用（　　）或电缆。

A. 铜芯绝缘导线　　B. 金属软管

C. 镀锌扁铁　　D. 镀锌扁钢

15. 质量问题是由双方的责任造成的，应协商解决，商定各自的经济责任，由（　　）负责修理。

A. 施工单位　　B. 建设单位

C. 监理单位　　D. 勘察单位

16. 下列关于机电工程项目特种作业人员要求的表述，错误的是（　　）。

A. 国家安全生产监督机构规定的特种作业人员中，机电安装企业有焊工、起重工、电工、场内运输工（叉车工）、架子工等

B. 特种作业人员在独立上岗作业前，必须进行与本工种相适应的、专门的安全技术理论学习和实际操作训练

C. 特种作业人员必须持证上岗

D. 特种作业操作证每两年进行一次复审

17. 安装、改造、修理的施工单位应当在验收后30日内将相关技术资料和文件移交特种设备使用单位。不属于移交的安全技术档案内容的是（　　）。

A. 特种设备的设计文件　　B. 安装及使用维护保养说明

C. 产品质量合格证明　　D. 接口技术文件

18. 消防设计审查验收主管部门自受理消防验收申请之日起（　　）日内组织消防验收，并在现场评定检查合格后签发《建筑工程消防验收意见书》。

A. 5　　B. 10

C. 15　　D. 20

19. 属于施工企业最高计量标准器具的是（　　）。

A. 直角尺检具　　B. 焊接检验尺

C. 经纬仪　　D. 塞尺

20. 《注册建造师执业管理办法（试行）》规定，机电工程中，冶炼专业工程范围包

括烧结球团工程、焦化工程、冶金工程、煤气工程、建材工程和（　　）工程。

A. 动力站安装　　　　B. 起重设备安装

C. 工业炉窑安装　　　　D. 制氧

二、多项选择题（共10题，每题2分。每题的备选项中，有2个或2个以上符合题意，至少有1个错项。错选，本题不得分；少选，所选的每个选项得0.5分）

21. 压缩机按照压缩气体方式、压缩次数等分类，还可以按照（　　）划分。

A. 排气量的大小　　　　B. 润滑方式

C. 冷却方式　　　　D. 结构形式

E. 传动方式

22. 测定待测点高程的方法有（　　）。

A. 高差法　　B. 高位法　　C. 仪高法　　D. 仪仗法

E. 定位法

23. 机械地脚螺栓对安装精度的影响主要是（　　）。

A. 设备温度变形　　　　B. 基础温度变形

C. 强度　　　　D. 紧固力

E. 垂直度

24. 灯具安装中，做法正确的是（　　）。

A. 灯具安装在砌体和混凝土结构上，可采用木榫安装固定

B. 固定件的承载能力应与电气照明灯具的重量相匹配

C. 灯具的接线应牢固，电气接触应良好

D. Ⅰ类灯具的金属外壳必须铜芯软线与保护导体可靠连接

E. 当吊灯灯具重量超过3kg时，应采取预埋吊钩或螺栓固定

25. 通风空调工程中，系统试运行与调试的主要内容包括（　　）。

A. 风管严密性试验

B. 风管漏光试验

C. 单机试运转及调试

D. 系统非设计满负荷条件下联合试运转及调试

E. 风管漏风试验

26. 变配电设备、发电机组、电梯设备可提供设备的（　　），以通信方式与建筑设备监控系统相连。

A. 通信接口卡　　　　B. 检测软件

C. 通信协议　　　　D. 接口软件

E. 监控元件

27. 机电工程进度计划编制中，确定机电工程的施工顺序，要突出主要分部分项工程，要满足（　　）施工基本顺序要求。

A. 先浅后深　　　　B. 先支线后干线

C. 先地下后地上　　　　D. 先地上后地下

E. 先干线后支线

28. 机电工程质量计划编制的中心内容包括（　　）。

A. 目标的展开

B. 明确岗位职责

C. 确定过程以及针对所确定的过程规定具体的控制方法

D. 为达到质量目标必须采取的其他措施

E. 与岗位无关的记录

29. 施工方案交底的内容包括（　　）、安全措施、环境保护措施等。

A. 工程的施工程序和顺序　　B. 施工工艺

C. 操作方法　　D. 要领、质量控制

E. 降低成本措施

30. 下列沟通协调内容中，属于工程质量管理协调的是（　　）。

A. 人力资源的合理配备

B. 质量让步处理及返工的协调

C. 质量过程的沟通与协调

D. 质量标准产生异议时的沟通与协调

E. 组织现场样板工程的参观学习及问题工程的现场评议

三、实务操作和案例分析题（共4题，每题20分）

（一）

背景资料：

某安装公司承包大型制药厂的机电安装工程，工程内容：设备、管道和通风空调等工程安装。安装公司对施工组织设计的前期实施，进行了监督检查：施工方案齐全，临时设施通过验收，施工人员按计划进场，技术交底满足施工要求，但材料采购因资金问题影响了施工进度。

不锈钢管道系统安装后，施工人员用洁净水（氯离子含量小于25ppm）对管道系统进行试压时（如图1所示），监理工程师认为压力试验条件不符合规范规定，要求整改。

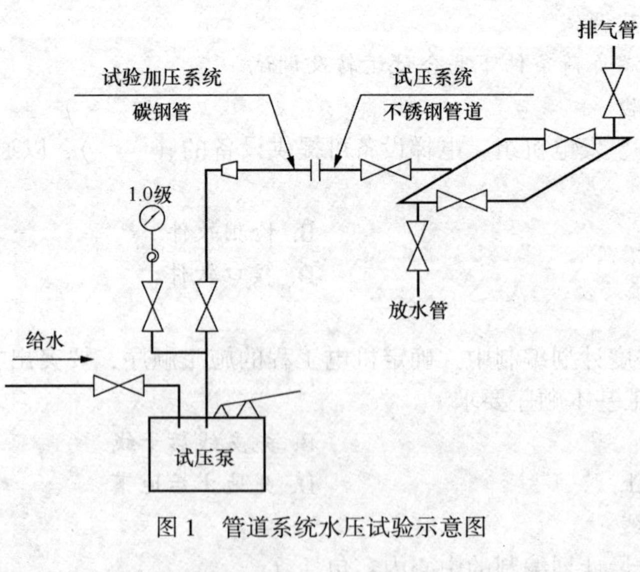

图1　管道系统水压试验示意图

由于现场条件限制，有部分工艺管道系统无法进行水压试验，经设计和建设单位同意，允许安装公司对管道环向对接焊缝和组成件连接焊缝采用100%无损检测，代替现场水压试验，检测后设计单位对工艺管道系统进行了分析，符合质量要求。

检查金属风管制作质量时，监理工程师对少量风管的板材拼接有十字形接缝提出整改要求。安装公司进行了返修和加固，风管加固后外形尺寸改变但仍能满足安全使用要求，验收合格。

问题：

1. 安装公司在施工准备和资源配置计划中哪几项完成得较好？哪几项需要改进？

2. 图1中的水压试验有哪些不符合规范规定？写出正确的做法。

3. 背景中的工艺管道系统的焊缝应采用哪几种检测方法？设计单位对工艺管道系统应如何分析？

4. 监理工程师提出整改要求是否正确？说明理由。加固后的风管可按什么文件进行验收？

（二）

背景资料：

某机电安装公司承担了某钢厂新厂区油罐组焊，燃气、氧气管道安装施工，设计要求焊缝进行射线无损探伤检查。强度试验采用气压试验方法。

该公司在编制施工方案时，对油罐组焊、管道焊接方案采用综合评价法进行了技术经济比较，选定了最优方案。

管道焊后经射线探伤发现，焊接合格率偏低。项目部组织人员按质量预控的施工因素进行了分析，经查验，工艺文件已按程序审批，并进行了技术交底。但焊接记录中有部分焊材代用，部分焊机不符合要求，焊缝外观检查有漏检。根据分析结果，找出了失控原因，经整改后焊接合格率得到了提高。

项目部根据现场危险源辨识，编制了高处作业、机械操作、起重吊装、临时用电安全技术措施。

问题：

1. 指出焊接方案的技术效率应从哪些方面进行比较。
2. 针对个别焊工的焊接合格率偏低状况，指出施工生产要素中哪些因素失控。
3. 项目部查验的技术交底记录包括哪些方面？
4. 指出该公司编制的安全技术措施还有哪些不完善的地方。

（三）

背景资料：

某生物新材料项目由 A 公司总承包，A 公司项目部经理在策划组织机构时，根据项目大小和具体情况配置了项目部技术人员，满足了技术管理要求。

项目中料仓盛装的浆糊流体介质温度约 42℃，料仓外壁保温材料为半硬质岩棉制品。料仓由 A、B、C、D 四块不锈钢壁板组焊而成，尺寸和安装位置如图 2 所示。在门吊架横梁上挂设 4 只手拉葫芦，通过卸扣、钢丝绳吊索与料仓壁板上吊耳（材质为 Q235）连接成吊装系统。料仓的吊装顺序为：A、C→B、D；料仓的四块不锈钢壁板的焊接方法是焊条手工电弧焊。

设计要求：料仓正方形出料口连接法兰安装水平度允许偏差≤1mm，对角线长度允许偏差≤2mm，中心位置允许偏差≤1.5mm。

料仓工程质量检查时，质量员提出吊耳与料仓壁板为异种钢焊接，违反了“禁止不锈钢与碳素钢接触”的规定。项目部对料仓临时吊耳进行了标识和记录，根据质量问题的性质和严重程度编制并提交了质量问题调查报告，及时返修后，质量验收合格。

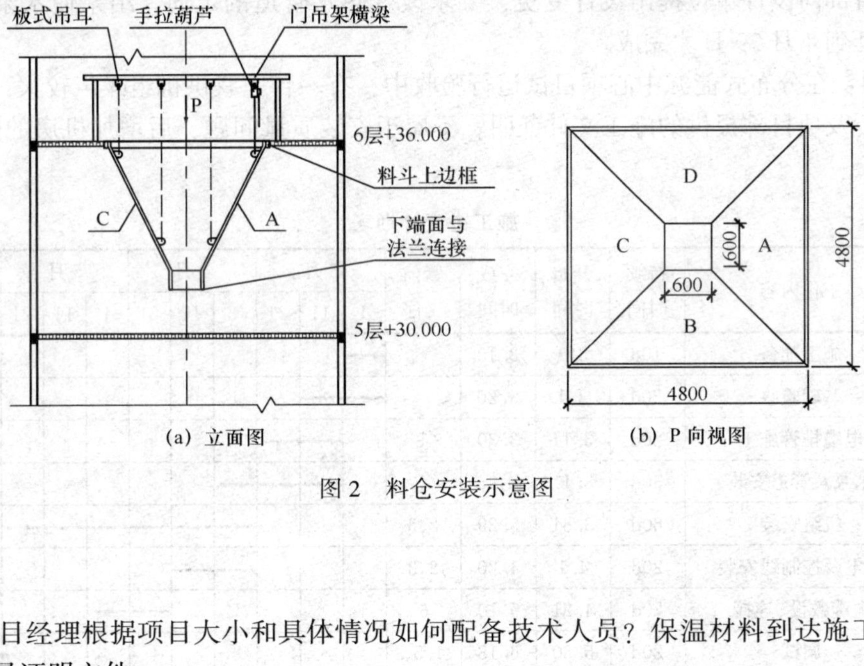

图 2　料仓安装示意图

问题：

1. 项目经理根据项目大小和具体情况如何配备技术人员？保温材料到达施工现场应检查哪些质量证明文件？

2. 分析图 2 中存在哪些安全事故危险源？不锈钢壁板组对焊接作业过程中存在哪些职业健康危害因素？

3. 料仓出料口端平面标高基准点和纵横中心线的测量应分别使用哪种测量仪器？

4. 项目部编制的吊耳质量问题调查报告应及时提交给哪些单位？

（四）

背景资料：

A安装公司承包某分布式能源中心的机电安装工程，工程内容有：三联供（供电、供冷、供热）机组、配电柜、水泵等设备安装和冷热水管道、电缆排管及电缆施工。三联供机组、配电柜、水泵等设备由业主采购；金属管道、电力电缆及各种材料由安装公司采购。

A安装公司项目部进场后，编制了施工进度计划（见表1）、预算费用计划和质量预控方案。对业主采购的三联供机组、水泵等设备检查、核对技术参数，符合设计要求。设备基础验收合格后，采用卷扬机及滚杠滑移系统将三联供机组二次搬运、吊装就位。安装中设置了质量控制点，做好施工记录，保证安装质量，达到设计及安装说明书要求。

在施工中发生了以下3个事件：

事件1：项目部将2000m电缆排管施工分包给B公司，预算单价为120元/m，在3月22日结束时检测，B公司只完成电缆排管施工1000m，但支付给B公司的工程进度款累计已达160000元，项目部对B公司提出警告，要求加快施工进度。

事件2：在热水管道施工中，按施工图设计位置施工，碰到其他管线，使热水管道施工受阻，项目部向设计单位提出设计变更，要求改变热水管道的走向，结果使水泵及管道安装工作拖延到4月29日才完成。

事件3：在分布式能源中心项目试运行验收中，有一台三联供机组噪声较大，经有关部门检验分析及项目部提供的施工文件证明，不属于安装质量问题，后增加机房的隔声措施，验收通过。

施工进度计划表 **表1**

序号	工作内容	持续时间	开始时间	完成时间	紧前工序	3月			4月			5月			6月		
						1	11	21	1	11	21	1	11	21	1	11	21
1	施工准备	10d	3.1	3.10													
2	基础验收	20d	3.1	3.20													
3	电缆排管施工	20d	3.11	3.30	1												
4	水泵及管道安装	30d	3.11	4.9	1												
5	机组安装	60d	3.31	5.29	2、3												
6	配电及控制线安装	20d	4.1	4.20	2、3												
7	电缆敷设、连接	20d	4.21	5.10	6												
8	调试	20d	5.30	6.18	4、5、7												
9	配套设施安装	20d	4.21	5.10	6												
10	试运行验收	10d	6.19	6.28	8、9												

问题：

1. 项目部在验收水泵时，应核对哪些技术参数？

2. 三联供机组在吊装就位后，试运转前有哪些安装工序要做？

3. 针对事件1，计算电缆排管施工的费用绩效指数 *CPI* 和进度绩效指数 *SPI*。是否会影响总施工进度？

4. 在事件 2 中，项目部应如何变更图纸？水泵和管道安装施工进度偏差了多少天？是否大于总时差？

5. 在事件 3 中，项目部可提供哪些施工文件来证明不是安装质量问题？

考前冲刺试卷（一）参考答案及解析

一、单项选择题

1. B；	2. B；	3. D；	4. D；	5. C；
6. D；	7. D；	8. B；	9. A；	10. C；
11. B；	12. A；	13. A；	14. A；	15. A；
16. D；	17. D；	18. C；	19. A；	20. D。

【解析】

1. B。本题考核的是连续生产设备安装的测量。标高基准点一般埋设在基础边缘且便于观测的位置。

2. B。本题考核的是各种焊接方法的专用评定规则。当增加或变更任何一个补加因素时，则可按照增加或变更的补加因素，增焊冲击韧性试件进行试验。

3. D。本题考核的是电力电缆的交接试验内容。电力电缆交接试验的内容有：测量绝缘电阻、直流耐压试验、交流耐压试验、测量直流电阻、泄漏电流测量、线路相位检查等。

4. D。本题考核的是建筑管道工程试验。室内隐蔽或埋地的排水管道在隐蔽前必须做灌水试验。灌水高度应不低于底层卫生器具的上边缘或底层地面高度。检验方法为满水15min水面下降后，再灌满观察5min，液面不降，管道及接口无渗漏为合格。

5. C。本题考核的是工程测量的程序。无论是建筑安装还是工业安装的测量，其基本程序都是：设置纵横中心线→设置标高基准点→设置沉降观测点→安装过程测量控制→实测记录等。

6. D。本题考核的是卷扬机的使用要求。选用卷扬机的主要参数有额定载荷、容绳量和额定速度。

7. D。本题考核的是机械设备安装设定基准线和基准点应遵循的原则。设定基准线和基准点，通常应遵循下列原则：安装检测使用方便；有利于保持而不被毁损；刻划清晰容易辨识。

8. B。本题考核的是压力容器产品焊接试件要求。产品焊接试件由参与本台压力容器产品的焊工焊接，焊接后打上焊工和检验员代号钢印。

9. A。本题考核的是建筑智能化分部（子分部）工程验收。有线电视及卫星电视接收系统的验收文件应包括用户分配电平图。B、C选项属于智能化集成系统验收文件。D选项属于信息网络系统验收文件。

10. C。本题考核的是安全专项施工方案编制审核。对于超过一定规模的危险性较大的专项工程，施工单位应组织专家对安全专项施工方案进行论证。

11. B。本题考核的是卷管制作技术要求。卷管制作技术要求：

（1）卷管同一筒节两纵焊缝间距不应小于200mm。因此A选项错误。

（2）卷管组对时，相邻筒节两纵焊缝间距应不大于100mm。因此D选项错误。

（3）有加固环、板的卷管，加固环、板的对接焊缝应与管子纵向焊缝错开，其间距不应小于 100mm，加固环、板卷管的环焊缝不应小于 50mm。因此 B 选项正确。

（4）卷管端面与中心线的垂直允许偏差不得大于管子外径的 1%，且不得大于 3mm，每米直管的平直度偏差不得大于 1mm 等。因此 C 选项错误。

12. A。本题考核的是接地支线的施工技术要求。接地支线施工时，有色金属接地线不能采用焊接时，可用螺栓连接。

13. A。本题考核的是风管安装就位的程序。风管安装就位的程序通常为先上层后下层，先主干管后支管，先立管后水平管。

14. A。本题考核的是火灾自动报警系统设备安装要求。设备接地应采用铜芯绝缘导线或电缆，消防控制设备的外壳及基础应可靠接地，工作接地线与保护接地线应分开。

15. A。本题考核的是保修的责任范围。质量问题是由双方的责任造成的，应协商解决，商定各自的经济责任，由施工单位负责修理。

16. D。本题考核的是机电工程项目特种作业人员要求。国家安全生产监督机构规定的特种作业人员中，机电安装企业有焊工、起重工、电工、场内运输工（叉车工）、架子工等。特种作业人员在独立上岗作业前，必须进行与本工种相适应的、专门的安全技术理论学习和实际操作训练。特种作业人员必须持证上岗。特种作业操作证每三年进行一次复审。对离开特种作业岗位 6 个月以上的特种作业人员，上岗前必须重新进行考核，合格后方可上岗作业。

17. D。本题考核的是特种设备出厂（竣工）要求。安装、改造、修理的施工单位应当在验收后 30 日内将相关技术资料和文件移交特种设备使用单位。特种设备使用单位应当将其存入该特种设备的安全技术档案。移交的安全技术档案应当至少包括以下内容：（1）特种设备的设计文件、产品质量合格证明、安装及使用维护保养说明、监督检验证明等相关技术资料和文件，以及安装技术文件和资料。（2）高耗能特种设备的能效测试报告。

18. C。本题考核的是特殊建设工程消防验收的时限。消防设计审查验收主管部门自受理消防验收申请之日起 15 日内组织消防验收，并在现场评定检查合格后签发《建筑工程消防验收意见书》。

19. A。本题考核的是 A 类计量器具范围。施工企业最高计量标准器具和用于量值传递的工作计量器具包括：一级平晶、零级刀口尺、水平仪检具、直角尺检具、百分尺检具、百分表检具、千分表检具、自准直仪、立式光学计、标准活塞式压力计等。

20. D。本题考核的是冶炼工程的工程类别与工程项目划分。冶炼工程分为烧结球团工程、焦化工程、冶金工程、制氧工程、煤气工程、建材工程等 6 种类别专业工程。其中，冶金工程又分为：高炉工程、铁水预处理、转炉工程、电炉工程、冷轧工程，铜、铝、锌、镍工程、氧化铝工程、板带工程、无缝钢管工程、棒线材工程等工程项目。

二、多项选择题

21. A、B、C、E；　22. A、C；　23. D、E；
24. B、C、D、E；　25. C、D；　26. A、C、D；
27. C、E；　28. A、B、C、D；　29. A、B、C、D；
30. B、C、D、E。

【解析】

21. A、B、C、E。本题考核的是压缩机划分形式。压缩机还可以按照压缩机排气量的大小、润滑方式、冷却方式、传动方式划分。

22. A、C。本题考核的是测定待测点高程的方法。测定待测点高程的方法有高差法和仪高法。

23. D、E。本题考核的是地脚螺栓对安装精度的影响。机械地脚螺栓对安装精度的影响主要是紧固力和垂直度。

24. B、C、D、E。本题考核的是灯具安装要求。灯具安装应牢固可靠，采用预埋吊钩、膨胀螺栓等安装固定，在砌体和混凝土结构上严禁使用木楔、尼龙塞或塑料塞固定。因此 A 选项错误。

25. C、D。本题考核的是通风与空调系统的运行和调试的主要内容。通风与空调系统安装完毕投入使用前，应进行系统调试，包括设备单机试运转及调试、系统非设计满负荷条件下的联合试运转及调试。

26. A、C、D。本题考核的是建筑智能化工程的设备、材料采购和验收。变配电设备、发电机组、电梯设备可提供设备的通信接口卡、通信协议和接口软件，以通信方式与建筑设备监控系统相连。建筑设备还可以通过干接点信号发送设备的运行状态，与建筑设备监控系统进行通信。

27. C、E。本题考核的是机电工程进度计划编制的注意要点。确定机电工程的施工顺序，要突出主要分部分项工程，要满足先地下后地上、先干线后支线施工基本顺序要求，满足质量和安全的需要，满足用户要求，注意生产辅助装置和配套工程的安排。

28. A、B、C、D。本题考核的是机电工程质量计划编制的中心内容。机电工程质量计划编制的中心内容有：

（1）目标的展开。

（2）明确岗位职责。

（3）确定过程以及针对所确定的过程规定具体的控制方法。

（4）为达到质量目标必须采取的其他措施，如更新检验技术、研究新的工艺方法和设备、用户的监督、验证等。

（5）相关岗位应完成的记录等。

29. A、B、C、D。本题考核的是施工方案交底的内容。施工方案交底的内容包括工程的施工程序和顺序、施工工艺、操作方法、要领、质量控制、安全措施、环境保护措施等。

30. B、C、D、E。本题考核的是工程质量管理的协调。工程质量管理的协调包括：工程质量的监督与检查；工程质量的定期通报及奖惩；质量标准产生异议时的沟通与协调；质量让步处理及返工的协调；组织现场样板工程的参观学习及问题工程的现场评议；质量过程的沟通与协调。

三、实务操作和案例分析题

（一）

1. 安装公司在施工准备和资源配置计划中完成得较好的是：技术准备、现场准备、劳动力配置计划。

需要改进的是资金准备、物资配置计划。

2. 图 1 中的水压试验错误之处：

（1）图 1 中只安装了 1 块压力表，且安装位置错误。正确做法：压力表不得少于 2 块（增加 1 块），应在加压系统的第一个阀门后（始端）和系统最高点（排气阀处、末端）各装 1 块压力表。

（2）碳钢管与不锈钢管道直接连接会发生电化学腐蚀，不符合要求。正确做法：应采用同材质连接板过渡。

（3）泵的入口没有设置异径管。正确做法：泵的入口应设置顶平偏心的异径管。

（4）管道和水泵连接未采用柔性连接。正确做法：管道和泵应采用柔性连接。

3. 对管道环向对接焊缝采用 100%射线检测和 100%超声检测；组成件的连接焊缝应进行 100%渗透检测或 100%磁粉检测。

设计单位对工艺管道系统应进行管道系统的柔性分析。

4. 监理工程师提出整改要求正确。

理由：因为相关规范要求风管板材拼接不得有十字形接缝，接缝应错开。

加固后的风管可按技术方案和协商文件进行验收。

（二）

1. 焊接方案的技术效率应从能否适应的母材、焊接速度、熔敷效率、适应的焊接位置等方面进行比较。

2. 针对个别焊工的焊接合格率偏低状况，主要是施工生产要素中的人员因素、材料因素、施工机具因素与工程管理环境因素失控。

3. 项目部查验的技术交底记录主要内容包括：施工工艺与方法、技术要求、质量要求、安全要求及其他要求等方面的记录。

4. 该公司编制的安全技术措施还应该包括：施工平面布置；动用明火作业；在密闭容器内作业；带电调试作业；管道和容器的探伤、冲洗及压力试验；单机试车和联动试车。

（三）

1. 项目经理可依据项目大小和具体情况，按分部、分项和专业配备技术人员。

保温材料到达施工现场应检查的质量证明文件有：出厂合格证或化验、物性试验记录等质量证明文件。

2. 图 2 中的料仓上口洞无防护栏杆，料仓未形成整体，临时固定坍塌。存在高空坠落、物体打击安全事故危险源。

不锈钢料仓壁板组对焊接作业过程中，存在的职业健康危害因素有：电焊烟尘、砂轮磨尘、金属烟、紫外线（红外线）、高温。

3. 料仓正方形出料口端平面标高基准点使用水准仪测量。

纵横中心线使用经纬仪测量。

4. 项目部应根据质量问题的性质和严重程度编写质量问题调查报告，并应向建设单位、监理单位和本单位（A 公司）管理部门报告。

（四）

1. 项目部验收水泵时，应认真核对水泵的流量、扬程、型号、配用的电机功率。

2. 三联供机组吊装就位后，试运行前要做的工序有：设备安装精度调整与检测、设备固定与基础二次灌浆。

3. 事件 1 中预算单价 120 元/m，B 公司已完成电缆排管施工 1000m，可得：

已完工程预算费用 $BCWP = 1000 \times 120 = 120000$ 元

已完工程实际费用 $ACWP = 160000$ 元

计划工程预算费用 $BCWS = 2000/20 \times 12 \times 120 = 144000$ 元

所以：

（1）事件 1 中的 $CPI = BCWP/ACWP = 120000/160000 = 0.75 < 1$，说明费用超支。

（2）事件 1 中的 $SPI = BCWP/BCWS = 120000/144000 = 0.83 < 1$，说明进度延误。

（3）影响总工期，理由：工作电缆排管施工在关键线路上，是关键工作，时差为 0，延误影响总工期。

4. 项目部应填写设计变更申请单，交建设单位和监理单位审核后送原设计单位进行设计变更。

水泵及管道安装施工进度偏差了 20d，其总时差有 50d，进度偏差小于总时差，因此不影响工期。

理由：水泵及管道安装工作在非关键线路上，是非关键工作，总时差为 50d；原计划到 4 月 9 日完工，拖延到 4 月 29 日才完成，说明工作延误 20d，延误时间没有超出总时差，所以不影响工期。

5. 在事件 3 中，项目部可提供下列施工文件来证明不是安装质量问题：

施工合同、施工图纸、设计文件、三联供机组安装技术说明书、设计变更单及有关施工记录。

《机电工程管理与实务》

考前冲刺试卷（二）及解析

《机电工程管理与实务》考前冲刺试卷（二）

一、单项选择题（共20题，每题1分。每题的备选项中，只有1个最符合题意）

1. 工业机电工程机械设备就位前，按（　　）并依据测量控制网或相关建筑物轴线、边缘线、标高线，划定安装的基准线和基准点。

A. 工艺布置图　　B. 工艺流程

C. 设备装配　　D. 土建施工

2. 绝缘油应经严格过滤处理，其（　　）等试验合格后才能注入设备。

A. 电气强度及介质损失角正切值和色谱分析

B. 绝缘油试验及介质损失角正切值和色谱分析

C. 电气强度及绝缘油试验和色谱分析

D. 电气强度及介质损失角正切值和绝缘油试验

3. 工业管道安装伴热管时，对不允许与主管直接接触的伴热管，在伴热管与主管间应设置（　　）。

A. 支架　　B. 吊架

C. 隔热垫　　D. 隔离垫

4. 汽轮机低压外下缸组合时，汽缸找中心的基准目前多采用（　　）。

A. 激光法　　B. 拉钢丝法

C. 假轴法　　D. 转子法

5. 现场组焊的球形储罐，应制作（　　）三块产品焊接试板。

A. 立焊、角焊、平加仰焊　　B. 角焊、横焊、对焊

C. 横焊、平加仰焊、立焊　　D. 对焊、立焊、平加仰焊

6. 自动化仪表调校用的标准仪器、仪表，其基本误差的绝对值，不宜超过被校仪表的基本误差绝对值的（　　）。

A. 1/3　　B. 1/2　　C. 2/3　　D. 3/4

7. 金属表面预处理质量等级有四级的方法是（　　）除锈。

A. 手工　　B. 喷射

C. 火焰　　D. 化学

8. 按建筑安装工程验收项目的划分，监测与控制仪表子分部属于（　　）分部工程。

A. 建筑电气　　B. 通风与空调

C. 建筑给水排水及供暖　　D. 智能建筑

9. 建筑电气装置施工中，成套配电柜安装固定后的紧后工序是（　　）。

A. 开箱检查　　B. 母线连接

C. 调整试验　　D. 送电运行

10. 包装车间的洁净空调管道系统（N8级）为（　　）系统。

A. 常压　　B. 低压

C. 中压　　D. 高压

11. 在有强磁场干扰的区域，模拟信号传输线缆的敷设应采用（　　）。

A. 多股线　　B. 屏蔽线

C. 双绞线　　D. 平行线

12. 下列总面积在 1000～2000m^2 的建筑场所应申请消防验收的是（　　）。

A. 医院的门诊楼　　B. 博物馆的展示厅

C. 大学的食堂　　D. 中学的教学楼

13. 曳引式电梯设备进场验收合格后，在驱动主机安装前的工序是（　　）。

A. 土建交接检验　　B. 轿厢导轨安装

C. 随行电缆安装　　D. 安全部件安装

14. 电子招标投标在截止投标时间前，可解密提取投标文件的是（　　）。

A. 招标投标管理部门　　B. 招标投标监督部门

C. 招标人　　D. 投标人

15. 进行合同分析时，价格分析的重点内容包括合同计价方法和（　　）。

A. 工程范围　　B. 工期要求

C. 合同变更　　D. 价格补偿条件

16. 机电工程临时用电设备总容量在（　　）kW 及其以上者，均应编制临时用电施工组织设计。

A. 20　　B. 30

C. 40　　D. 50

17. 不属于国家安全生产监督机构规定的特种作业人员的是（　　）。

A. 焊工　　B. 司炉工

C. 电工　　D. 起重工

18. 施工单位提出设计变更申请，负责审核变更技术是否可行、评估施工难易程度和对工期影响程度的人员是（　　）。

A. 施工单位总工程师　　B. 总监理工程师

C. 建设单位总工程师　　D. 造价工程师

19. 项目部对劳务分包单位协调管理的重点是（　　）。

A. 施工进度安排　　B. 质量安全制度制定

C. 工程资料移交　　D. 作业计划的安排

20. 不能进行竣工验收的机电工程项目是（　　）。

A. 达到环境保护要求，尚未取得环境保护验收登记卡

B. 附属工程尚未建成，但不影响生产

C. 形成部分生产能力，近期不能按设计规模续建

D. 已投产，但一时达不到设计产能

二、多项选择题（共 10 题，每题 2 分。每题的备选项中，有 2 个或 2 个以上符合题意，至少有 1 个错项。错选，本题不得分；少选，所选的每个选项得 0.5 分）

21. 控制电线电缆绝缘层通常采用的材质有（　　）。

A. 树脂　　B. 聚乙烯

C. 聚氯乙烯　　D. 聚丙烯

E. 橡胶

22. 泵的主要性能参数有（　　）。

A. 功率　　B. 级数

C. 流量　　D. 扬程

E. 效率

23. 全站仪用来进行水平距离测量，主要应用于（　　）。

A. 建筑物铅垂度的测量　　B. 大地高程的测量

C. 安装控制网的测设　　D. 建安过程中水平距离的测量

E. 建筑工程平面控制网水平距离的测量及测设

24. 关于卷扬机安装使用的说法，正确的有（　　）。

A. 卷扬机应安装在桅杆长度的距离之内

B. 绑缚卷扬机底座的固定绳索应从两侧引出

C. 由卷筒到第一个导向滑车的水平直线距离应大于卷筒长度的25倍

D. 余留在卷筒上的钢丝绳最小为2圈

E. 钢丝绳应顺序逐层紧缠在卷筒上，最外一层钢丝绳应低于卷筒两端凸缘一个绳径的高度

25. 关于焊接工艺评定的说法，正确的有（　　）。

A. 管道工艺评定的目的在于验证用此工艺能否得到具有合格力学性能的完好焊接接头

B. 钢结构施工中，针对首次采用的焊接材料，施工单位应在施工前进行焊接工艺评定试验

C. 焊接工艺评定可以委托其他单位进行

D. 焊接工艺评定的试件可由外单位熟练焊工按照本单位拟定的评定规程完成试件焊接

E. 当焊接方法的次要因素变更时，不需要重新评定

26. 我国《计量法》规定，用于（　　）的计量器具，依法实施强制检定。

A. 贸易结算　　B. 安全防护

C. 医疗卫生　　D. 环境监测

E. 建筑安装

27. 关于临时用电检查验收的说法，正确的有（　　）。

A. 临时用电工程必须由电气技术员施工

B. 临时用电工程安装完毕后，由质量部门组织检查验收

C. 检查情况应做好记录，并要由相关人员签字确认

D. 临时用电安全技术档案应由资料员建立与管理

E. 临时用电工程应定期检查

28. 工业安装工程完毕后，建设单位应组织（　　）参加单位工程质量验收。

A. 设备制造单位　　B. 施工单位

C. 设计单位　　D. 材料供应单位

E. 监理单位

29. 下列属于建筑安装分项工程划分依据的有（　　）。

A. 主要工种　　B. 施工工艺

C. 工程量　　D. 设备类别

E. 施工段

30. 下列设备中，属于特种设备的是（　　）。

A. 风机　　B. 水泵

C. 压缩机　　D. 储气罐

E. 气瓶

三、实务操作和案例分析题（共4题，每题20分）

（一）

背景资料：

某公司承接一项体育馆机电安装工程，建筑高度35m，屋面结构为复杂钢结构，其下方布置空调除湿、虹吸雨等机电管线，安装高度18~28m。混凝土预制看台板下方机电管线的吊架采用焊接H型钢作为转换支架，规格为WH350×350。

公司组建项目部，配备了项目部负责人、技术负责人和技术人员。其中现场施工管理人员包括施工员、材料员、安全员、质量员和资料员。项目部将人员名单、数量和培训等情况上报，总承包单位审查后认为人员配备不能满足项目管理的需求，要求进行补充。

在H型钢转换支架制作过程中，监理工程师检查发现有H型钢存在拼接不符合安装要求的情况，详见图1，项目部组织施工人员返工后合格。

体育馆除湿风管采用直径*DN*800的镀锌圆形螺旋缝风管，为外购风管，标准节长度4m，总计140节。风管加工前进行现场实测实量，成品直接运至现场，检验合格后随即安装。为加快施工进度和降低成本，项目部进行了风管吊装重力计算和安装工艺研究，采取每3节风管在地面组装并局部保温后整体吊装的施工方法，自行研制风管吊装卡具，用4组电动葫芦配合2台曲臂车完成风管的起吊、支架固定和风管连接。根据需求限定7~8人配合操作，并购买了上述人员的意外伤害险，曲臂车操作人员取得了高空作业操作证。除湿风管安装共节约成本约10万元。

项目部对空调机房安装质量进行检查，情况如下：风管安装顺直，支吊架制作采用机械加工方法；穿过机房墙体部位风管的防护套管与保温层间有20mm的缝隙；防火阀距离墙体500mm；为确保调节阀手柄操作灵敏，调节阀体未进行保温；因空调机组即将单机试运行，项目部已将机组的过滤器安装完成。

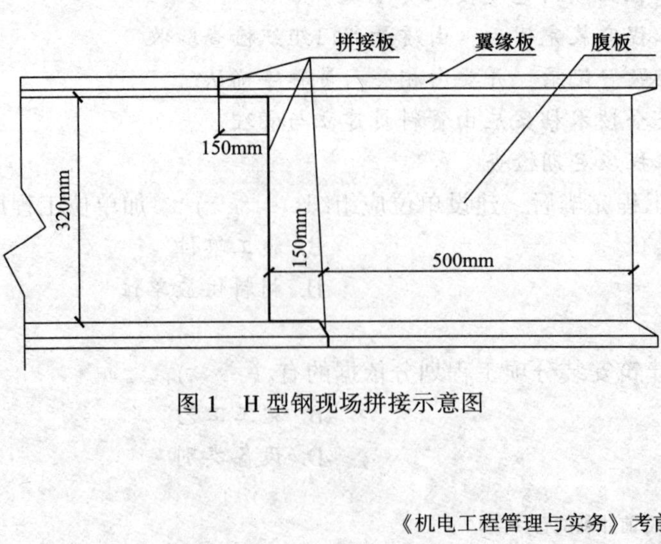

图1　H型钢现场拼接示意图

问题：

1. 机电项目部现场施工管理人员应补充哪类人员？项目部主要人员还应补充哪类人员？
2. 请指出H型钢拼接有哪些做法不符合安装要求？正确做法是什么？
3. 项目部安装除湿风管在哪些方面采取了降低成本的措施？
4. 请指出本项目空调机房安装存在的问题有哪些？

（二）

背景资料：

A 公司总承包 2×660MW 火力发电厂 1 号机组的建筑安装工程，工程包括：锅炉、汽轮发电机、水处理、脱硫系统等。A 公司将水泵、管道安装分包给 B 公司施工。

B 公司在凝结水泵初步找正后，即进行管道连接，因出口管道与设备不同心，无法正常对口，便用手拉葫芦强制调整管道，被 A 公司制止。B 公司整改后，并在联轴节上架设仪表监视设备位移，保证管道与水泵的安装质量。

锅炉补给水管道设计为埋地敷设，施工完毕自检合格后，以书面形式通知监理申请隐蔽工程验收。第二天进行土方回填时，被监理工程师制止。

在未采取任何技术措施的情况下，A 公司对凝汽器汽侧进行了灌水试验（见图 2），无泄漏，但造成部分弹簧支座因过载而损坏。返修后，进行汽轮机组轴系对轮中心找正工作，经初找、复找验收合格。

主体工程、辅助工程和公用设施按设计文件要求建成，单位工程验收合格后，建设单位及时向政府有关部门申请项目的专项验收，并提供备案申报表、施工许可文件复印件及规定的相关材料等，项目通过专项验收。

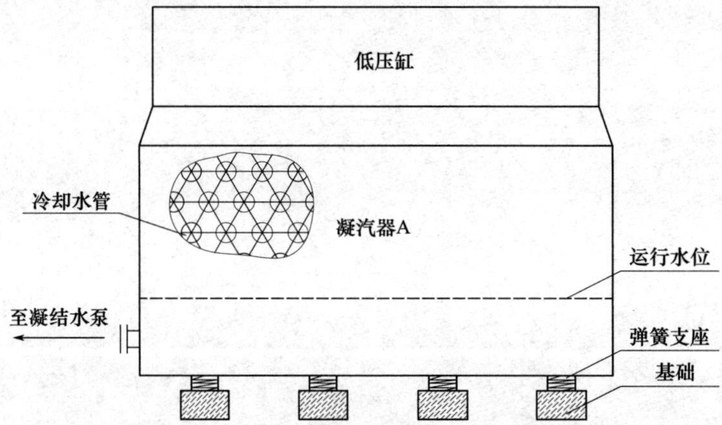

图 2　凝汽器灌水试验示意图

问题：

1. A 公司为什么制止凝结水管道连接？B 公司应如何进行整改？在联轴节上应架设哪种仪表监视设备位移？

2. 说明监理工程师制止土方回填的理由。隐蔽工程验收通知内容有哪些？

3. 写出凝汽器灌水试验前后的注意事项。灌水水位应高出哪个部件？轴系中心复找工作应在凝汽器什么状态下进行？

4. 建设工程项目投入试生产前和试生产阶段应完成哪些专项验收？

（三）

背景资料：

某工业安装工程项目，工程内容：工艺管道、设备、电气及自动化仪表安装调试。工程的循环水泵为离心泵，二用一备。泵的吸入和排出管路上均设置了独立、牢固的支架。泵的吸入口和排出口均设置了变径管，变径管长度为管径差的6倍。泵的水平吸入管向泵的吸入口方向倾斜，斜度为8‰，泵的吸入口前直管段长度为泵吸入口直径的5倍，水泵扬程为80m。

在安装质量检查时，发现水泵的吸入及排出管路上存在管件错用、漏装和安装位置错误等质量问题（见图3），不符合规范要求，监理工程师要求项目部进行整改。随后上级公司对项目质量检查时发现，项目部未编制水泵安装质量预控方案。

工程的工艺管道设计材质为12CrMo（铬钼合金钢）。在材料采购时，施工地附近钢材市场无现货，只有15CrMo材质钢管，且规格符合设计要求，由于工期紧张，项目部采取了材料代用。

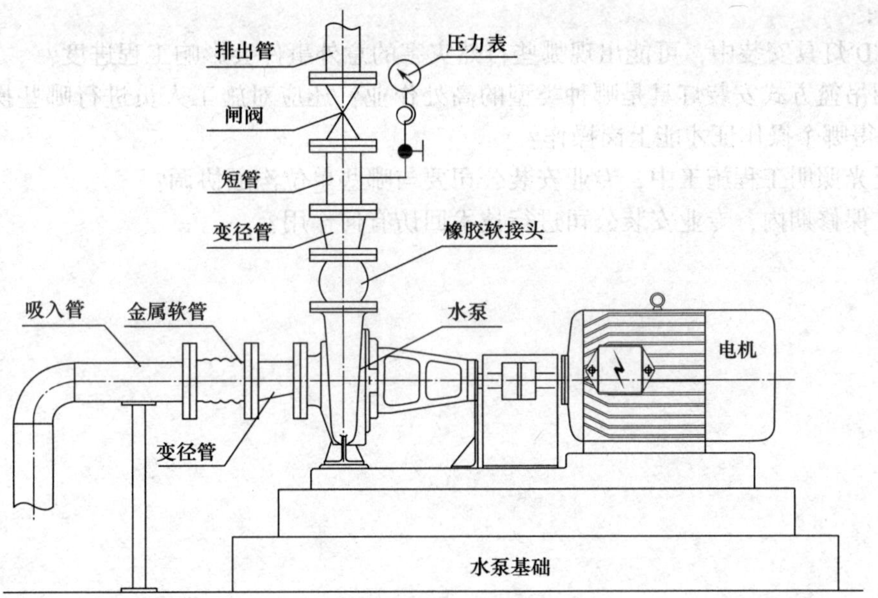

图3　水泵安装示意图

问题：

1. 指出图3中管件安装的质量问题。应怎样纠正？
2. 水泵安装质量预控方案包括哪几方面内容？
3. 写出工艺管道材料代用时需要办理的手续。
4. 15CrMo钢管的进场验收有哪些要求？

（四）

背景资料：

某专业安装公司承包了南方沿海某城市一高层建筑的泛光照明工程。承包合同为设计、采购、施工。工程设计考虑节能环保和新技术，选用了 LED 变色泛光灯，建筑泛光照明要与城市景观照明同步控制，照明场景控制选用二总线控制模块。合同工期 90 d，7 月 1 日开工到当年 9 月 28 日竣工。

专业安装公司按合同要求，编制了泛光照明工程施工方案，因建筑有透空段，灯具安装采用吊篮方式施工。公司对施工人员进行了灯具安装及安全操作培训。安装公司编制了施工进度计划，施工作业按进度计划实施。针对施工季节可能出现的意外事件（自然灾害），安装公司制定了应急预案。

施工中，安装公司及时与各相关单位沟通协调，灯具及时到场，照明电源和线路按期敷设到位，泛光照明工程按合同约定竣工，并与城市景观照明同步开通。在保修期间，专业安装公司对建筑泛光照明工程进行了技术性回访。

问题：

1. LED 灯具安装中，可能出现哪些自然灾害的意外事件会影响工程进度？

2. 用吊篮方式安装灯具是哪种类型的高处作业？还应对施工人员进行哪些操作技术的培训？取得哪个操作证才能上岗操作？

3. 泛光照明工程施工中，专业安装公司要与哪些单位沟通协调？

4. 在保修期内，专业安装公司进行技术回访有何作用？

考前冲刺试卷（二）参考答案及解析

一、单项选择题

1. A；	2. A；	3. D；	4. B；	5. C；
6. A；	7. B；	8. C；	9. B；	10. C；
11. B；	12. D；	13. A；	14. D；	15. D；
16. D；	17. B；	18. B；	19. D；	20. A。

【解析】

1. A。本题考核的是机械设备安装的一般要求。机械设备就位前，按工艺布置图并依据测量控制网或相关建筑物轴线、边缘线、标高线，划定安装的基准线和基准点。

2. A。本题考核的是电气设备的安装要求。电气设备安装时，绝缘油应经严格过滤处理，其电气强度及介质损失角正切值和色谱分析等试验合格后才能注入设备。

3. D。本题考核的是工业管道伴热管安装要求。伴热管不得直接点焊在主管上。弯头部位的伴热管绑扎带不得少于3道，直管段伴热管绑扎点间距应符合规定。对不允许与主管直接接触的伴热管，伴热管与主管之间应设置隔离垫。

4. B。本题考核的是低压缸组合安装技术要点。汽轮机低压缸组合安装时，低压外下缸组合时的汽缸找中心的基准方法有激光法、拉钢丝法、假轴法、转子法等，目前多采用拉钢丝法。

5. C。本题考核的是压力容器产品焊接试件要求。现场组焊的每台球形储罐应制作立焊、横焊、平焊加仰焊位置的产品焊接试件各一块。

6. A。本题考核的是自动化仪表安装的施工准备。用于仪表校准和试验的标准仪器、仪表应具备有效的计量检定合格证书，其基本误差的绝对值，不宜超过被校准仪表基本误差绝对值的1/3。

7. B。本题考核的是防腐蚀施工技术要点。未涂覆过的钢材表面和全面清除原有涂层后的钢材表面的处理等级。工具处理等级分为St2级、St3级两级；喷射处理质量等级分为Sa1级、Sa2级、Sa2.5级、Sa3级四级。

8. C。本题考核的是建筑管道工程的划分。建筑给水排水及供暖工程按专业系统划分为室内给水系统、室内排水系统、室内热水系统、卫生器具、室内供暖系统、室外给水管网、室外排水管网、室外供热管网、建筑饮用水供应系统、建筑中水系统及雨水利用系统、游泳池及公共浴池水系统、水景喷泉系统、热源及辅助设备、监测与控制仪表共14个子分部工程。因此本题选C。

9. B。本题考核的是配电柜的安装顺序。开关柜、配电柜的安装顺序：开箱检查→二次搬运→基础框架制作、安装→柜体固定→母线连接→二次线路连接→试验调整→送电运行验收。

10. C。本题考核的是洁净空调系统的技术要求。洁净空调系统制作风管的刚度和严密性，均按高压和中压系统的风管要求进行。其中，洁净度等级N1级至N5级的按高压系统的风管制作要求；洁净度等级N6级至N9级，且工作压力小于等于1500Pa的，按中压系统的风管制作要求。

11. B。本题考核的是建筑智能化工程线缆施工要求。明敷的信号线缆与具有强磁场、强电场的电气设备之间的净距离宜大于1.5m，当采用屏蔽线缆或穿金属保护管或在金属封闭线槽内敷设时，宜大于0.8m。

12. D。本题考核的是消防工程验收的相关规定。具有下列情形之一的特殊建设工程，建设单位应当向住房和城乡建设主管部门申请消防设计审查，并在建设工程竣工后向消防设计审查验收主管部门申请消防验收；未经消防验收或者消防验收不合格的，禁止投入使用。

（1）建筑总面积大于20000m^{2}的体育场馆、会堂，公共展览馆、博物馆的展示厅；

（2）建筑总面积大于15000m^{2}的民用机场航站楼、客运车站候车室、客运码头候船厅；

（3）建筑总面积大于10000m^{2}的宾馆、饭店、商场、市场；

（4）建筑总面积大于2500m^{2}的影剧院，公共图书馆的阅览室，营业性室内健身、休闲场馆，医院的门诊楼，大学的教学楼、图书馆、食堂，劳动密集型企业的生产加工车间，寺庙、教堂；

（5）建筑总面积大于1000m^{2}的托儿所、幼儿园的儿童用房、儿童游乐厅等室内儿童活动场所，养老院、福利院，医院、疗养院的病房楼，中小学校的教学楼、图书馆、食堂，学校的集体宿舍，劳动密集型企业的员工集体宿舍。

13. A。本题考核的是电梯工程的分部分项工程划分。电力驱动的曳引式或强制式电梯安装子分部工程是由设备进场验收、土建交接检验、驱动主机、导轨、门系统、轿厢、对重（平衡重）、安全部件、悬挂装置、随行电缆、补偿装置、电气装置、整机安装验收等分项工程组成。

14. D。本题考核的是电子招标投标方法。在投标截止时间前，除投标人补充、修改或者撤回投标文件外，任何单位和个人不得解密、提取投标文件。

15. D。本题考核的是合同分析。合同分析的重点内容如下：

（1）合同的法律基础、承包人的主要责任，工程范围，发包人的责任。

（2）合同价格，计价方法和价格补偿条件。

（3）工期要求和顺延及其惩罚条款，工程受干扰的法律后果，合同双方的违约责任。

（4）合同变更方式，工程验收方法，索赔程序和争执的解决等。

16. D。本题考核的是临时用电施工组织设计的编制。施工现场临时用电设备在5台及以上或设备总容量在50kW及以上者，应编制临时用电施工组织设计在临电工程开工前编制完成。施工现场临时用电设备在5台以下和设备总容量在50kW以下者，应制定安全用电和电气防火措施。

17. B。本题考核的是特种作业人员要求。国家安全生产管理机构规定的特种作业人员中，机电安装企业有焊工、起重工、电工、场内运输工（叉车工）、架子工等。B选项属于国家质量监督机构规定的特种设备作业人员。

18. B。本题考核的是施工单位提出设计变更申请的变更程序。施工单位提出设计变更申请的变更程序：

（1）施工单位提出变更申请报监理单位审核。

（2）监理工程师或总监理工程师审核技术是否可行、施工难度和工期是否增减，造价工程师核算造价影响，审核后报建设单位审批。

（3）建设单位工程师报建设单位项目经理或总经理同意后，通知设计单位。设计单位工程师同意变更方案后，实施设计变更，出变更图纸或变更说明。

（4）建设单位将变更图纸或变更说明发至监理工程师，监理工程师发至施工单位。

19. D。本题考核的是项目部对劳务分包单位协调管理的重点。项目部对劳务分包单位协调管理的重点：作业计划的安排、作业面的调整、施工物资的供给、质量管理制度和安全管理制度的执行、劳务费用的支付、分项工程的验收及其资料的形成和生活设施的安排。

20. A。本题考核的是及时办理建设项目（工程）竣工验收的项目。及时办理建设项目（工程）竣工验收：

（1）有的建设项目基本符合竣工验收标准，只是零星土建工程和少数非主要设备未按设计规定内容全部建成，但不影响正常生产。

（2）有的项目投产初期一时不能达到设计能力所规定的产量。

（3）有些建设项目或单项工程已形成部分生产能力或实际上生产方面已经使用。

二、多项选择题

21. B、C、E；	22. A、C、D、E；	23. C、D、E；
24. B、C、E；	25. A、B、E；	26. A、B、C、D；
27. C、E；	28. B、C、E；	29. A、B、D；
30. D、E。		

【解析】

21. B、C、E。本题考核的是控制电缆。控制电缆按其绝缘层材质，分为聚氯乙烯、聚乙烯和橡胶。其中以聚乙烯电性能最好，可应用于高频线路。

22. A、C、D、E。本题考核的是泵的主要性能参数。泵的性能参数主要有：流量、扬程、功率、效率、转速等。因此本题选 A、C、D、E 选项。

23. C、D、E。本题考核的是全站仪的应用。采用全站仪进行水平距离测量，主要应用于建筑工程平面控制网水平距离的测量及测设、安装控制网的测设、建安过程中水平距离的测量等。

24. B、C、E。本题考核的是卷扬机安装使用要求。卷扬机上的钢丝绳应从卷筒底部放出，余留在卷筒上的钢丝绳不应少于 4 圈，以减少钢丝绳在固定处的受力。因此 D 选项错误。用桅杆吊装时，离开的距离必须大于桅杆的长度。因此 A 选项错误。绑缚卷扬机底座的固定绳索应从两侧引出，以防底座受力后移动。因此 B 选项正确。由卷筒到第一个导向滑车的水平直线距离应大于卷筒长度的 25 倍，且该导向滑车应设在卷筒的中垂线上，以保证卷筒的入绳角小于 2°，因此 C 选项正确。当在卷筒上缠绕多层钢丝绳时，应使钢丝绳始终顺序地逐层紧缠在卷筒上，最外一层钢丝绳应低于卷筒两端凸缘一个绳径的高度，因此 E 选项正确。

25. A、B、E。本题考核的是焊接工艺评定。焊接工艺评定应在本单位进行，因此 C 选项错误。焊接工艺评定所用设备、仪表应处于正常状态，金属材料、焊接材料应符合相应标准，由本单位操作技能熟练的焊接人员使用本单位设备焊接试件，因此 D 选项错误。当增加或变更次要因素时，不需要重新评定，但需重新编制预焊接工艺规程。因此 E 选项正确。长输管道：在焊接生产开始之前，应制定详细的预焊接工艺规程，并对此焊接工艺进行评定。工艺评定的目的在于验证用此工艺能否得到具有合格力学性能，如强度、塑性和硬度等的完好焊接接头。因此A选项正确。施工单位首次采用的钢材、焊接材料、焊接方法、焊接接头、焊接位置、焊后热处理等各种参数及参数的组合，应在钢结构制作及安装前进行焊接工艺评定试验。因此B选项正确。

26. A、B、C、D。本题考核的是施工计量器具管理范围。强制检定的计量器具范围有：

（1）社会公用计量标准器具。

（2）部门和企业、事业单位使用的最高计量标准器具。

（3）用于贸易结算、安全防护、医疗卫生、环境监测的计量器具。

27. C、E。本题考核的是临时用电的检查验收。临时用电工程必须由持证电工施工。因此A选项错误。临时用电工程安装完毕后，由安全部门组织检查验收。因此B选项错误。检查情况应做好记录，并要由相关人员签字确认。因此C选项正确。临时用电安全技术档案应由主管现场的电气技术人员建立与管理。因此D选项错误。临时用电工程应定期检查。因此E选项正确。

28. B、C、E。本题考核的是工业安装工程施工质量验收的程序及组织。工业安装单位（子单位）工程的验收应在各分部工程验收合格的基础上，由施工单位（总承包单位）向监理（建设）单位提出报验申请，由建设单位项目负责人组织监理、设计、施工单位等项目负责人及质量技术负责人进行验收，并应填写验收记录。

29. A、B、D。本题考核的是建筑工程分项工程、检验批的划分。建筑安装分项工程的划分应按主要工种、材料、施工工艺、用途、种类及设备类别进行划分。建筑安装检验批的划分可根据施工及质量控制和专业验收需要，按工程量、楼层、施工段、变形缝进行划分。

30. D、E。本题考核的是特种设备类型。特种设备是指对人身和财产安全有较大危险性的锅炉、压力容器（含气瓶）、压力管道、电梯、起重机械、客运索道、大型游乐设施、场（厂）内专用机动车辆，以及法律、行政法规规定的其他特种设备。选项D属于压力容器。

三、实务操作和案例分析题

（一）

1. 机电项目部现场施工管理人员还应补充：机械员、劳务员、标准员。

项目部主要人员还应补充：项目副经理、项目技术人员、满足施工要求经考核或培训合格的技术工人。

2. H型钢拼接不符合安装要求之处及正确做法如下：

（1）焊接H型钢的翼缘板拼接缝和腹板拼接缝的间距150mm，不符合安装要求。

正确做法：焊接H型钢的翼缘板拼接缝和腹板拼接缝的间距，不宜小于200mm。

（2）翼缘板拼接长度为500mm，不符合安装要求。

正确做法：翼缘板拼接长度不应小于600mm。

3. 项目部安装除湿风管在以下方面采取了降低成本的措施：

（1）每3节风管整体吊装，为采用先进的施工方案、缩短工期、降低成本的技术措施。

（2）自制风管吊装卡具，通过 4 组电动葫芦配合 2 台曲臂吊车实施吊装，为采用新技术的技术措施。

（3）限定 7~8 人配合操作，操作人员持证上岗，加强人员管理，提高员工工作水平，控制现场非生产人员比例，压缩非生产和辅助用工费用，是降低成本的经济措施。

（4）为施工人员购买了意外伤害保险，属于合同措施。

4. 本项目空调机房安装存在的问题及正确做法如下：

（1）防火阀距离墙体 500mm，不正确。

正确做法：防火阀距离墙体应不小于 200mm。

（2）为确保调节阀手柄操作灵敏，调节阀体未进行保温，不正确。

正确做法：风管部件的绝热不得影响操作功能，调节阀绝热要保留调节手柄的位置，保证操作灵活方便。调节阀需要进行保温。

（3）空调机组即将单机试运行，项目部已将机组的过滤器安装完成，存在问题。

正确做法：过滤器应在室内装饰装修工程安装完成后，以及空调设备等单机试运行结束后进行安装。

（二）

1. A 公司制止凝结水管道连接的原因：凝结水泵初步找正后（管道不同心）不能进行管道连接。

B 公司应这样整改：管道应在凝结水泵安装定位（管口中心对齐）后进行连接。

在联轴节上应架设百分表（千分表）监视设备位移。

2. 监理工程师制止土方回填的理由：监理没有验收（没有回复，在 48h 后才能回填）。

隐蔽工程验收通知内容：隐蔽验收内容、隐蔽方式（方法）、验收时间和地点（部位）。

3. 凝汽器灌水试验前后的注意事项：灌水试验前应加临时支撑，试验完成后应及时把水放净（排空）。

灌水水位应高出顶部冷却水管。

轴系中心复找工作应在凝汽器灌水至运行重量（运行水位）的状态下进行。

4. 在建设工程项目投入试生产前完成消防验收；在建设工程项目试生产阶段完成安全设施验收及环境保护验收。

（三）

1. 图 3 中管件安装的质量问题及改正如下：

（1）质量问题：泵吸入管上安装金属软管错误。

改正：应为橡胶软接头。

（2）质量问题：泵排出管上的变径管位置错误。

改正：应当安装在泵的出口处。

（3）由于水泵扬程大于 80m，排出管路上的闸阀前没有安装止回阀。

改正：排出管路上的闸阀前应安装止回阀。

2. 水泵的安装质量预控方案的内容包括：

（1）工序（过程）名称；

（2）可能出现的质量问题；

（3）提出的质量预控措施。

3. 工艺管道材料代用时需要办理下列手续：

（1）由项目部的专业工程师提出设计变更（材料代用）申请单，经项目部技术部门审签后，送交建设（监理）单位审核。

（2）经设计单位同意后，由设计单位签发设计变更（材料代用）通知书并经建设单位（监理）会签后生效。

4. 15CrMo 钢管的进场验收有下列要求：

（1）有取得制造许可的制造厂产品质量证明文件；

（2）对钢管进行外观质量和几何尺寸的检查验收；

（3）对钢管材质采用光谱分析方法复查，并做好标识。

（四）

1. LED 灯具安装中，可能出现会影响工程进度的意外事件主要是气象原因造成的自然灾害风险。

2. 用吊篮方式安装灯具是悬空类型的高处作业。还应对施工人员进行高处作业及防护措施操作技术的培训。取得特种作业人员操作证才能上岗操作。

3. 泛光照明工程施工中，专业安装公司要与建设单位、监理单位、总承包单位、设备材料供货单位、建筑外墙施工单位、机电安装单位、当地政府等沟通协调。

4. 在保修期内，专业安装公司进行技术回访的作用：主要了解在工程施工过程中所采用的新材料、新技术、新工艺、新设备等的技术性能和使用后的效果，发现问题及时加以补救和解决，同时也便于总结经验，获取科学依据，不断改进完善，为进一步推广创造条件。

《机电工程管理与实务》

考前冲刺试卷（三）及解析

《机电工程管理与实务》考前冲刺试卷（三）

一、单项选择题（共20题，每题1分。每题的备选项中，只有1个最符合题意）

1. 在油灌区、重要木结构公共建筑、高温场所等耐火要求高且经济性可以接受的场合，可采用（　　）。

A. 分支电缆　　B. 铝合金电缆

C. 氧化镁电缆　　D. 耐火电缆

2. 主要用于完成介质的流体压力平衡和气体净化分离的分离设备是（　　）。

A. 冷却器　　B. 冷凝器

C. 缓冲器　　D. 聚合釜

3. 常用于设备安装定线定位和测设已知角度的仪器是（　　）。

A. 激光准直仪　　B. 激光经纬仪

C. 激光指向仪　　D. 激光水准仪

4. 关于千斤顶使用要求的说法，错误的是（　　）。

A. 千斤顶必须安放于稳固平整结实的基础上，通常应在座下垫以木板或钢板

B. 数台千斤顶同时并用时，操作中应保持同步

C. 随着工件的升降，不得调整保险垫块的高度

D. 千斤顶应在允许的顶升高度内工作

5. 自动化仪表工程施工的原则是（　　）。

A. 先地上后地下

B. 先配管后安装设备

C. 先中间后两端

D. 先安装设备后布线

6. 在消火栓系统施工中，消火栓箱体安装固定的紧后工序是（　　）。

A. 支管安装　　B. 附件安装

C. 管道试压　　D. 管道冲洗

7. 建筑智能化设备主要考虑的因素不包括（　　）。

A. 设备的体积大小

B. 设备产品的品牌和生产地

C. 设备产品的网络性能及标准化程度等信息

D. 应用实践以及供货渠道和供货周期

8. 关于曳引式电梯安装的验收要求，说法正确的是（　　）。

A. 对重缓冲器不能延伸到地面实心桩墩上

B. 随机文件包括缓冲器等型式试验证书的复印件

C. 相邻两层门地坎距离大于10m时，应有井道安全门

D. 井道底坑地面能承受满载轿厢静载2倍的重力

9. 机电工程施工前，由（　　）对施工过程中存在较大安全风险的施工作业项目，提出有针对性的安全技术措施，并进行安全技术交底。

A. 造价工程师　　B. 资料员

C. 项目专业技术负责人　　D. 监理工程师

10. 作业进度计划应具体体现施工顺序安排的合理性，即满足的要求不包括（　　）。

A. 先地下后地上　　B. 先深后浅

C. 先干线后支线　　D. 先小件后大件

11. 下列质量事故部位的处理方式中，对于某些工程质量问题虽然达不到规定的要求或标准，但其情况不严重，对工程的使用和安全影响很小，经过分析、论证和设计单位认可后，可（　　）。

A. 返工处理　　B. 返修处理

C. 限制使用　　D. 不作处理

12. 施工单位应急预案体系组成的文件不包括（　　）。

A. 综合应急预案　　B. 专项应急预案

C. 专项施工方案　　D. 现场处置方案

13. 下列绿色施工环境保护措施中，属于土壤保护的是（　　）。

A. 对建筑垃圾进行分类　　B. 施工现场出口设置洗车槽

C. 采用隔水性能好的边坡支护技术　　D. 施工后恢复被破坏的植被

14. 降低机电工程项目成本的合同措施不包括（　　）。

A. 建立成本管理责任体系　　B. 选择适当的合同结构模式

C. 必要的合同风险防控对策　　D. 全过程的合同控制

15. 机电工程项目单机试运行前应具备的条件不包括（　　）。

A. 机械设备及其附属装置、管线、电气设备、控制设备等已按设计文件和有关规程规范的要求全部安装完毕并验收合格

B. 试运行所需要的动力、材料、机具、检测仪器等符合试运行的要求

C. 工程中间交接已完成

D. 试运行组织已经建立，操作人员经培训、考试合格，熟悉试运行方案和操作规程，能正确操作

16. 下列计量器具中，属于 A 类计量器具的是（　　）。

A. 自准直仪　　B. 卡尺　　C. 千分尺　　D. 弯尺

17. 为防止工程项目施工使用的自备电源误入市政电网，施工单位在使用前要告知（　　）并征得同意。

A. 供电部门　　B. 电力行政管理部门

C. 建设单位　　D. 安全监督部门

18. 锅炉烘炉、煮炉和试运转完成后，应由（　　）验收。

A. 施工单位质量部门　　B. 使用单位工程管理部

C. 制造单位质量部门　　D. 所在监督检验部门

19. 工业自动化仪表安装分项工程应按仪表类别和安装（　　）进行划分。

A. 施工程序　　B. 施工方法

C. 试验要求　　D. 试验工序

20. 建筑安装工程的分项工程可按（　　）划分。

A. 专业性质　　B. 施工工艺

C. 施工程序　　D. 建筑部位

二、多项选择题（共10题，每题2分。每题的备选项中，有2个或2个以上符合题意，至少有1个错项。错选，本题不得分；少选，所选的每个选项得0.5分）

21. 流动式起重机的基本参数，指作为选择吊车和制定吊装技术方案的重要依据的吊车性能数据，主要有（　　）。

A. 总功率　　B. 额定起重量

C. 最大工作半径（幅度）　　D. 最大起升高度

E. 自重

22. 下列焊接缺陷中，属于内部缺陷的是（　　）。

A. 咬边　　B. 焊瘤

C. 弧坑　　D. 气孔

E. 夹渣

23. 下列关于垫铁设置的说法，符合规范要求的有（　　）。

A. 每个地脚螺栓旁边至少应有一组垫铁

B. 垫铁不得设置在底座主要受力部位

C. 设备底座接缝处的两侧各设置一组垫铁

D. 每组垫铁的块数不宜超过5块

E. 设备调平后，垫铁应与设备底座点焊牢固

24. 关于电气装置通电条件的要求，符合规定的有（　　）。

A. 确认配电设备和用电设备安装完成

B. 电气交接试验合格

C. 所有建筑装饰工作完成并清扫干净

D. 电气装置通电环境整洁

E. 配电设备和用电设备的型号、规格、安装位置符合施工单位要求

25. 管道与承受附加荷载的动设备连接前，应在自由状态下检验法兰的（　　），偏差应符合规定要求。

A. 同轴度　　B. 平行度

C. 垂直度　　D. 同心度

E. 倾斜度

26. 汽轮发电机系统设备主要包括（　　）。

A. 励磁机　　B. 发电机

C. 再热器　　D. 汽包

E. 汽轮机

27. 关于压力容器焊接试板要求的说法，正确的有（　　）。

A. 产品焊接试板经外观检查

B. 产品焊接试件由参与本台压力容器产品的焊工焊接

C. 试板检测不合格，允许返修

D. 现场组焊的球罐只制作立、横产品焊接试板

E. 球罐的产品焊接试件应由施焊该球形储罐的焊工在与球形储罐焊接相同的条件和焊接工艺情况下焊接

28. 高层建筑铜制给水管道的连接方式可采用（　　）。

A. 专用接头　　B. 热熔连接

C. 粘结接口　　D. 焊接连接

E. 法兰连接

29. 下列室内配线施工工序中，属于镀锌钢管明配的工序有（　　）。

A. 测量定位　　B. 支架安装

C. 钢管预埋　　D. 钢管连接

E. 管内穿线

30. 风管制作时，应针对风管的（　　）采取相应的加固措施。

A. 工作压力　　B. 风速流量

C. 板材厚度　　D. 风管长度

E. 断面尺寸

三、实务操作和案例分析题（共 4 题，每题 20 分）

（一）

背景资料：

某项目管道工程内容有：建筑生活给水排水系统、消防水系统和空调水系统的施工。某分包单位承接该任务后，编制了施工方案、施工进度计划（见表 1 中细实线）、劳动力计划（见表 2）和材料采购计划等；施工进度计划在审批时被否定，原因是生活给水与排水系统的先后顺序违反了施工原则，分包单位调整了该顺序（见表 1 中粗实线）。

施工中，采购的第一批阀门（见表 3）按计划到达施工现场，施工人员对阀门开箱检查，按规范要求进行了强度和严密性试验，主干管上起切断作用的 *DN*400、*DN*300 阀门和其他规格的阀门抽查均无渗漏，验收合格。

在水泵施工质量验收时，监理人员指出水泵进水管接头和压力表接管的安装存在质量问题（如图 1 所示），要求施工人员返工，返工后质量验收合格。

建筑生活给水排水系统、消防水系统和空调水系统安装后，分包单位在单机及联动试运行中，及时与其他各专业工程施工人员配合协调，完成联动试运行，工程质量验收合格。

建筑生活给水、排水、消防和空调水系统施工进度计划表　　**表 1**

施工内容	施工人员	3月	4月	5月	6月	7月	8月	9月	10月
生活给水系统施工	40 人								
排水系统施工	20 人								
消防水系统施工	20 人								
空调水系统施工	30 人								
机房设备施工	30 人								
单机、联动试运行	40 人								
竣工验收	30 人								

建筑生活给水、排水、消防和空调水系统施工劳动力计划表 **表 2**

月份	3月	4月	5月	6月	7月	8月	9月	10月
施工人员	40人	80人	140人	140人	100人	60人	40人	30人

阀门规格数量 **表 3**

名称	公称压力	*DN*400	*DN*300	*DN*250	*DN*200	*DN*150	*DN*125	*DN*100
闸阀	1.6MPa	4	8	16	24			
球阀	1.6MPa					38	62	84
碟阀	1.6MPa			16	26	12		
合计		4	8	32	50	50	62	84

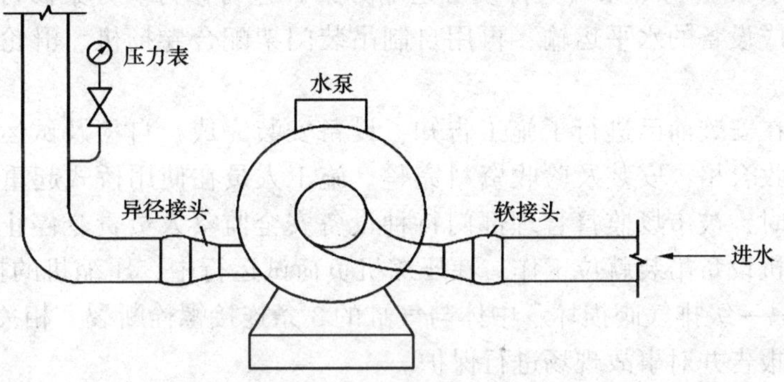

图1 水泵安装示意图

问题：

1. 劳动力计划调整后，3 月份和 7 月份的施工人员分别是多少？劳动力优化配置的依据有哪些？

2. 第一批进场阀门按规范要求最少应抽查多少个阀门进行强度试验？其中，*DN*300 闸阀的强度试验压力应为多少 MPa？最短试验持续时间是多少？

3. 水泵（图 1）运行时会产生哪些不良后果？绘出合格的返工部分示意图。

4. 本工程在联动试运行中需要与哪些专业系统配合协调？

（二）

背景资料：

A公司承接某油田设备安装工程，其中压缩厂房的工程内容包括：往复式天然气压缩机组安装、工艺管道及20/51t桥式起重机安装。压缩机组大件重量见表4。A公司进场后组建了项目部，并按要求配备了专职安全生产管理人员，完成了施工组织设计及各施工方案的编制，并对项目中涉及到的特种设备进行了识别。按《大件设备运输方案》，在厂房封闭前，用300t、75t汽车式起重机将桥式起重机大梁、压缩机主机和电机等大件设备采用“空投”方式预存在起重机轨道及设备基础上，待厂房封闭后再进行安装。

压缩机组大件重量 **表4**

部件名称	主机	电机	最大检修部件
重量（t）	65.0	53	16.1（一级气缸）

桥式起重机到货后，项目部及时进行吊装就位。项目部就压缩机进场及厂房封闭与建设单位进行沟通时被告知：由于压缩机制造的原因，设备进场时间推后3个月；1个月内完成厂房封闭；要求A公司对原《大件设备运输方案》进行修订。方案修订为利用倒链、拖排、滚杠配合完成设备的水平运输，再用自制吊装门架配合卷扬机、滑轮组进行设备的垂直运输。

桥式起重机在安装前已进行了施工告知，设备安装完成、自检及试运行合格后，经建设单位和监理验收合格，安装及验收资料完整。施工人员在使用桥式起重机进行压缩机辅机设备吊装就位时，被市场监督管理部门特种设备安全监察人员责令停止使用，经整改后完成了压缩机辅机设备吊装就位工作。在压缩机负荷试运行中，压缩机的振动和温升超标，经拆检发现：3只一级排气阀损坏；中体与气缸的3条连接螺栓断裂。相关方启动质量事故处理程序，立即报告并对事故现场进行保护。

事故发生后，经分析，因进气中富含的凝析油和水蒸气在压缩过程中析出造成液击所致。建设单位随后指令施工单位在压缩机进气管路上加装凝析油捕集器和丙烷制冷干燥装置，问题得到解决。A公司项目经理安排合同管理人员准备后续索赔工作。

问题：

1. A公司项目部确定专职安全生产管理人员人数的依据是什么？编制的哪个方案需要组织专家论证？说明理由。

2. 桥式起重机被市场监督管理部门特种设备安全监察人员责令停止使用的原因是什么？应该怎样整改？

3. 负荷试运行应由哪个单位组织实施？根据本次质量事故处理程序，还需完成哪些过程？

4. 索赔成立的三个必要条件是什么？

（三）

背景资料：

某安装公司承接一条生产线的机电安装工程，范围包括工艺线设备、管道、电气安装和一座 35kV 变电站施工（含室外电缆敷设）。合同明确工艺设备、钢材、电缆由业主提供。

工程开工后，由于多个项目同时抢工，施工人员和机具紧张，安装公司项目部将工程按工艺线设备、管道、电气专业分包给三个有一定经验的施工队伍。

施工过程中，项目部根据进料计划、送货清单和质量保证书，按质量验收规范对业主送至现场的镀锌管材仅进行了数量和质量检查，发现有一批管材的型号规格、镀锌层厚度与进料计划不符。

监理工程师组织分项工程质量验收时，发现 35kV 变电站接地体的接地电阻值大于设计要求。经查实，接地体的镀锌扁钢有一处损伤、两处对接虚焊，造成接地电阻不合格，分析原因有：

（1）项目部虽然建立了现场技术交底制度，明确了责任人员和交底内容，但施工作业前仅对分包责任人进行了一次口头交底；

（2）接地体的连接不符合规范要求；

（3）室外电缆施工中，施工人员对接地体的损坏没有做任何处理和报告。

问题：

1. 安装公司将工程分包应经谁同意？工程的哪些部分不允许分包？
2. 对业主提供的镀锌管材还应做好哪些进场验收工作？
3. 写出本工程接地体连接的技术要求。
4. 指出项目部在施工技术交底要求上存在的问题。

（四）

背景资料：

某电力工程公司项目部承接了商务楼的10kV变配电工程施工项目，工程主要设备布置见10kV变配电设备布置图（图2），变配电设备运行状态通过监控和实施智能监控。

项目部依据验收规范和施工图编制了变配电工程的施工方案。设备二次搬运及安装程序是：高压开关柜→变压器→低压配电柜→计量、监控柜。方案中，项目部将开关柜等基础框架安装的水平度偏差设置为B级质量控制点，电力变压器等高压电器的交接试验设置为A级质量控制点，保证变配电设备施工质量达到验收规范要求。

进场后，因设计单位变更高压系统设计，造成高压开关柜比其他设备晚到现场，项目部改变了设备的二次搬运及安装程序：变压器→低压配电柜→计量、监控柜→高压开关柜。施工中，变配电设备检查、安装、绝缘测试、耐压试验及试运行符合设计要求，变配电设备系统检测满足智能监控要求，工程验收合格。项目部及时整理施工记录等技术资料，将10kV变配电工程竣工档案移交给商务楼项目建设单位。

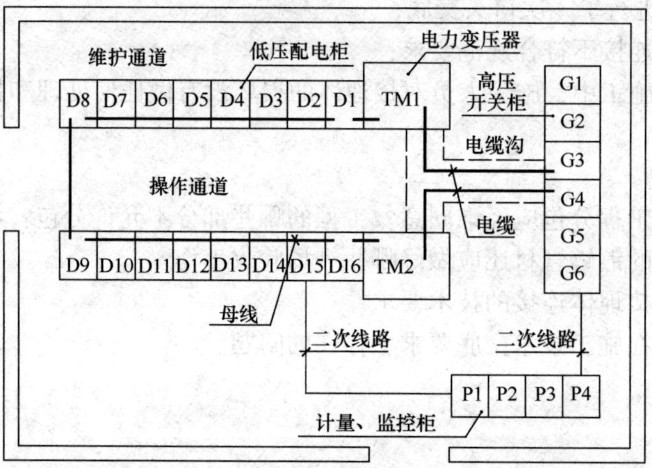

图2　10 kV变配电设备布置图

问题：

1. 分别说明项目部将电力变压器交接试验设置为A级质量控制点和基础框架水平度偏差设置为B级质量控制点的理由。

2. 项目部是否可以改变设备二次搬运及安装程序？说明理由。

3. 智能监控的变配电设备试运行中应检测哪些参数？

4. 本工程的竣工档案内容主要有哪些记录？

考前冲刺试卷（三）参考答案及解析

一、单项选择题

1. C；	2. C；	3. B；	4. C；	5. D；
6. B；	7. A；	8. B；	9. C；	10. D；
11. D；	12. C；	13. D；	14. A；	15. C；
16. A；	17. A；	18. D；	19. D；	20. B。

【解析】

1. C。本题考核的是电缆的类型。在油灌区、重要木结构公共建筑、高温场所等耐火要求高且经济性可以接受的场合，可采用氧化镁电缆。

2. C。本题考核的是石油化工设备。分离设备主要用于完成介质的流体压力平衡和气体净化分离等的压力容器称为分离设备，如分离器、过滤器、集油器、缓冲器、洗涤器等。

3. B。本题考核的是激光测量仪的应用。激光经纬仪用于施工及设备安装中的定线、定位和测设已知角度。通常在200m内的偏差小于1cm。

4. C。本题考核的是千斤顶的使用要求。千斤顶的使用要求：

（1）千斤顶必须安放于稳固平整结实的基础上，通常应在座下垫以木板或钢板，以加大承压面积，防止千斤顶下陷或歪斜。因此A选项正确。

（2）千斤顶头部与被顶物之间可垫以薄木板、铝板等软性材料，使其头部与被顶物全面接触，用以增加摩擦，防止千斤顶受力后滑脱。

（3）使用千斤顶时，应在其旁边设置保险垫块，随着工件的升降及时调整保险垫块的高度。因此C选项错误。

（4）当数台千斤顶同时并用时，操作中应保持同步，使到每台千斤顶所承受的载荷均小于其额定荷载。因此B选项正确。

（5）千斤顶应在允许的顶升高度内工作，当顶出至红色警示线时，应停止顶升操作。因此D选项正确。

5. D。本题考核的是自动化仪表工程施工的原则。自动化仪表施工的原则：先土建后安装；先地下后地上；先安装设备再配管布线；先两端（控制室、就地盘和现场仪表）后中间（电缆槽、接线盒、保护管、电缆、电线和仪表管道等）。

6. B。本题考核的是消火栓灭火系统施工程序。消火栓灭火系统施工程序：施工准备→干管安装→立管、支管安装→箱体稳固→附件安装→管道试压、冲洗→系统调试。

7. A。本题考核的是建筑智能化工程施工工序中的施工图深化。选择产品时，应考虑产品的品牌和生产地、应用实践以及供货渠道和供货周期；产品支持的系统规模及监控距离；产品的网络性能及标准化程度等信息。

8. B。本题考核的是曳引式电梯安装的验收要求。当井道底坑下有人员能到达的空间存在，且对重或平衡重上未设有安全钳装置时，对重缓冲器必须能安装在（或平衡重运行区域的下边必须）一直延伸到坚固地面上的实心桩墩上。因此A选项错误。电梯出厂随机文件：土建布置图，产品出厂合格证，门锁装置、限速器、安全钳及缓冲器等保证电梯安全部件的型式检验证书复印件，设备装箱单，安装使用维护说明书，动力电路和安全电路的电气原理图。因此 B 选项正确。当相邻两层门地坎间的距离大于 11m 时，其间必须设置井道安全门，井道安全门严禁向井道内开启，且必须装有安全门处于关闭时电梯才能运行的电气安全装置。因此 C 选项错误。轿厢缓冲器支座下的底坑地面应能承受满载轿厢静载 4 倍的作用力。因此 D 选项错误。

9. C。本题考核的是施工技术交底的类型。工程施工前，由项目专业技术负责人对施工过程中存在较大安全风险的施工作业项目，提出有针对性的安全技术措施，并进行安全技术交底。

10. D。本题考核的是施工作业进度计划编制要求。作业进度计划应具体体现施工顺序安排的合理性，即满足先地下后地上、先深后浅、先干线后支线、先大件后小件等的基本要求。

11. D。本题考核的是质量事故部位的处理方式。对于某些工程质量问题虽然达不到规定的要求或标准，但其情况不严重，对工程的使用和安全影响很小，经过分析、论证和设计单位认可后，可不作专门处理。

12. C。本题考核的是机电工程施工安全事故应急预案。生产经营单位的应急预案体系主要由综合应急预案、专项应急预案和现场处置方案组成。

13. D。本题考核的是绿色施工要点。A 选项属于建筑垃圾控制措施，B 选项属于扬尘控制措施，D 选项属于土壤保护措施，C 选项属于水污染控制措施。

14. A。本题考核的是降低机电工程项目成本的合同措施。降低机电工程项目成本的合同措施：（1）选用适当的合同结构模式；（2）采用严谨的合同条款；（3）全过程的合同控制。A 选项属于降低机电工程项目施工成本的组织措施。

15. C。本题考核的是机电工程项目单机试运行前应具备的条件。C 选项属于机电工程项目联动试运行前应具备的条件。A、B、D 选项属于机电工程项目单机试运行前应具备的条件。

16. A。本题考核的是 A 类计量器具范围。A 类计量器具范围：

（1）施工企业最高计量标准器具和用于量值传递的工作计量器具。例如，一级平晶、零级刀口尺、水平仪检具、直角尺检具、百分尺检具、百分表检具、千分表检具、自准直仪、立式光学计、标准活塞式压力计等。

（2）列入国家强制检定目录的工作计量器具。例如，用于安全防护的压力表、电能表、接地电阻测量仪、声级计等。

因此 A 选项属于 A 类计量器具，B、C 选项属于 B 类计量器具，D 选项属于 C 类计量器具。

17. A。本题考核的是用户办理用电手续的规定。如果工程项目地处偏僻，虽用电申请已受理，但自电网引入的线路施工和通电尚需一段时日，而工程又急需开工，则总承包单位通常是用自备电源（如柴油发电机组）先行解决用电问题。此时，总承包单位要告知供电部门并征得同意，同时要妥善采取安全技术措施，防止自备电源误入市政电网。

18. D。本题考核的是锅炉安装要求。锅炉烘炉、煮炉和试运转完成后，应请监督检验部门验收。

19. D。本题考核的是工业安装工程施工质量验收的工程划分。自动化仪表工程安装分项工程应按仪表类别和安装试验工序划分。

20. B。本题考核的是建筑安装工程分项工程的划分。建筑安装工程分项工程的划分应按主要工种、材料、施工工艺、用途、种类及设备类别进行划分。分项工程可由一个或若干检验批组成。

二、多项选择题

21. B、C、D；	22. D、E；	23. A、C、D；
24. A、B、C、D；	25. B、D；	26. A、B、E；
27. A、B、C、E；	28. A、D；	29. A、B、D；
30. A、C、D、E。		

【解析】

21. B、C、D。本题考核的是流动式起重机的基本参数。流动式起重机的基本参数，指作为选择吊车和制定吊装技术方案的重要依据的吊车性能数据，主要有额定起重量、最大工作半径（幅度）和最大起升高度。在特殊情况下，还需了解起重机的起重力矩、支腿最大压力、轮胎最大载荷、履带接地最大比压和抗风能力。

22. D、E。本题考核的是焊接缺陷。焊接缺陷按缺陷出现位置不同可分为：表面缺陷（如焊缝尺寸不符合要求，咬边、表面气孔、表面夹渣、表面裂纹、焊瘤、弧坑等）；内部缺陷（如气孔、夹渣、裂纹、未熔合、偏析、显微组织不符合要求等）。

23. A、C、D。本题考核的是垫铁设置要求。每个地脚螺栓旁边至少应有一组垫铁，并设置在靠近地脚螺栓和底座主要受力部位下方，因此 A 选项正确，B 选项错误。设备底座有接缝处的两侧，各设置一组垫铁，因此 C 选项正确。每组垫铁的块数不宜超过 5 块，放置平垫铁时，厚的宜放在下面，薄的宜放在中间，垫铁的厚度不宜小于 2mm，因此 D 选项正确。除铸铁垫铁外，设备调整完毕后各垫铁相互间用定位焊焊牢，因此 E 选项错误。

24. A、B、C、D。本题考核的是电气设备通电条件。电气设备系统通电条件是确认配电设备和用电设备安装完成，其型号、规格、安装位置符合施工图纸要求并验收合格，电气交接试验合格，所有建筑装饰工作完成并清扫干净，电气设备通电环境整洁。

25. B、D。本题考核的是连接设备的管道安装。管道与动设备连接前，应在自由状态下检验法兰的平行度和同心度，允许偏差应符合规定。

26. A、B、E。本题考核的是汽轮发电机系统设备。汽轮发电机系统设备主要包括：汽轮机、发电机、励磁机、凝汽器、除氧器、加热器、给水泵、凝结水泵和真空泵等。

27. A、B、C、E。本题考核的是压力容器焊接试板要求。产品焊接试件经外观检查和射线（或超声）检测，如不合格，允许返修，如不返修，可避开缺陷部位截取试样。因此 A、C 选项正确。球罐的产品焊接试件应由施焊该球形储罐的焊工在与球形储罐焊接相同的条件和焊接工艺情况下焊接。因此 E 选项正确。现场组焊的每台球形储罐应制作立焊、横焊、平焊加仰焊位置的产品焊接试件各一块。因此 D 选项错误。产品焊接试件由参与本台压力容器产品的焊工焊接，焊接后打上焊工和检验员代号钢印，因此 B 选项正确。

28. A、D。本题考核的是建筑管道常用的连接方法。焊接适用于非镀锌钢管，多用于暗装管道和直径较大的管道，并在高层建筑中应用较多。铜管连接可采用专用接头或焊接，当管径小于 22mm 时宜采用承插或套管焊接，承口应迎介质流向安装，当管径大于或等于 22mm 时宜采用对口焊接。不锈钢管可采用承插焊接。

29. A、B、D。本题考核的是金属导管施工程序。金属导管施工程序：测量定位→支架制作、安装（明导管敷设时）→导管预制→导管连接→接地线跨接。

30. A、C、D、E。本题考核的是风管制作的施工技术要求。风管针对其工作压力等级、板材厚度、风管长度与断面尺寸，采取相应的加固措施。

三、实务操作和案例分析题

（一）

1. 劳动力计划调整后，3 月份的施工人员人数是 20 人，7 月份的施工人员人数是 120 人。

劳动力优化配置的依据包括：

（1）项目所需劳动力的种类及数量；

（2）项目的施工进度计划；

（3）项目的劳动力资源供应环境。

2. 第一批进场的阀门按规范要求最少应抽查 44 个进行强度试验。

*DN*300 闸阀的强度试验压力应为 2.4MPa。

最短试验持续时间是 180s。

3. 根据背景资料中图 1 所示情况，水泵运行时会产生的不良后果：

（1）进水管的同心异径接头会形成气囊；

（2）压力表接管没有弯圈，压力表会有压力冲击而损坏。

合格的返工部分示意图如图 3 所示：

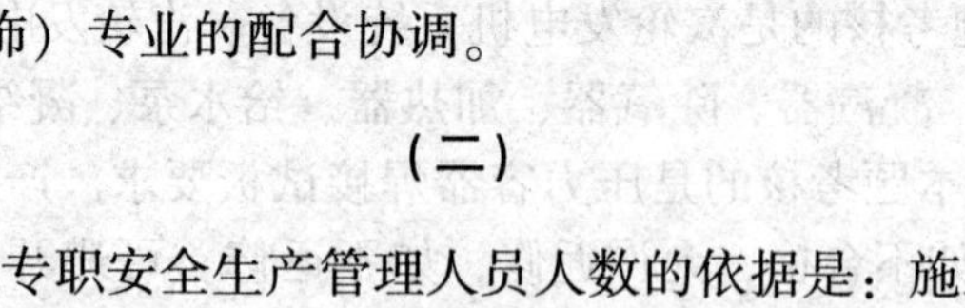

图 3　合格的返工部分示意图

4. 本工程在联动试运行中，需要与建筑电气系统、通风空调风系统、火灾自动报警（联动）系统、建筑（装饰）专业的配合协调。

（二）

1. A 公司项目部确定专职安全生产管理人员人数的依据是：施工规模。

编制的《大件设备运输方案》中的自制吊装门架配合卷扬机、滑轮组进行设备的垂直运输方案需要进行专家论证。

理由：采用非常规起重设备、方法，且单件起吊重量在 100kN（10t）及以上的起重吊装工程属于超过一定规模的危大工程，需要组织专家论证。

2. 原因：桥式起重机安装完成由建设和监理单位验收后就开始使用不符合规定。

改正：桥式起重机属于特种设备自检合格后应履行报检程序，特种设备安装、改造及重大修理过程中及竣工后，应当经相关检验机构监督检查，未经检验或检验不合格者，不得交付使用。

3. 负荷试运行由建设单位组织。

根据本次质量事故处理程序，还需完成：事故调查、撰写质量事故调查报告、事故处理报告这三个过程。

4. 索赔成立的三个必要条件是：

（1）与合同对照，事件已造成了承包商工程项目成本的额外支出，或直接工期损失。

（2）造成费用增加或工期损失的原因，按合同约定不属于承包商的行为责任或风险责任。

（3）承包商按合同规定的程序和时间提交索赔意向通知和索赔报告。

（三）

1. 安装公司将工程分包应经建设单位同意。

工艺设备工程不允许分包，管道和电气工程允许分包。

2. 对业主提供的镀锌管材还应做好的进场验收工作有：验收工作按质量验收规范和计量检测规定进行；验收内容包括品种、规格、型号、质量、数量、证件等；验收要做好记录、办理验收手续；要求复检的材料应有取样送检证明报告；对不符合计划要求或质量不合格的材料应拒绝接收。

3. 本工程接地体连接的技术要求：接地体的连接应牢固可靠，应用搭接焊接，接地体采用扁钢时，其搭接长度为扁钢宽度的两倍，并有三个邻边施焊；若采用圆钢，其搭接长度为圆钢直径的6倍，并在两面施焊。接地体连接的焊接处焊缝应饱满并有足够的机械强度，不得有夹渣、咬肉、裂纹、虚焊、气孔等缺陷，焊缝处的药皮敲净后，并做防腐处理，接地体连接完毕后，应测试接地电阻，接地电阻应符合规范标准要求。

4. 项目部在施工技术交底要求上存在的问题有：

（1）交底人员不妥。项目部专业管理部门、专业工程师或相关专业管理人员应随时、随地进行施工技术交底。

（2）未完成技术交底记录。技术交底记录是履行职责的凭据，应及时完成。参加施工技术交底人员（交底人和被交底人）必须签字。技术交底记录应妥善保存，竣工后作为竣工资料进行归档。

（3）未确定施工技术交底次数。一般情况下，工程施工仅做一次技术交底是不适宜的，应根据工程实际情况确定交底次数。当技术人员认为不交底难以保证施工的正常进展时应及时交底。对于施工工期较长的施工项目除开工前交底外，宜至少每月再交底一次。

（四）

1. 将电力变压器交接试验设置为A级质量控制点的理由：电力变压器交接试验属于影响装置安全运行、使用功能和开车后出现质量问题有待停车才能处理的工序的质量控制点。

基础框架水平度偏差设置为B级质量控制点的理由：基础水平度偏差设置影响下道工序质量的质量控制点。

2. 项目部可以改变设备二次搬运及安装程序。

理由：高压开关柜的二次搬运可以从低压配电柜操作通道进入安装位置。

3. 智能监控的变配电设备试运行中应检测的参数：高、低压开关运行状况及故障报警；电源及主回路电流值显示、电源电压值显示、功率因素测量、电能计量等；变压器超温报警。

4. 本工程的竣工档案内容主要有：

（1）一般施工记录（施工组织设计、技术交底、施工日志）；

（2）图纸变更记录（图纸会审记录、设计变更记录、工程洽商记录）；

（3）设备、产品质量检查、安装记录；

（4）预检记录；

（5）隐蔽工程检查记录；

（6）施工试验记录；

（7）质量事故处理记录；

（8）工程质量检验记录；

（9）其他需要向建设单位移交的有关文件和实物照片及音像、光盘等。